できるだけ計算しない

思考力・判断力・表現力 トレーニング

理系
微積分

(まえがき (

これからの数学で重要になるキーワードは？

「活用」である.

　数学が，定量的なものから定性的なものに変わる，とも言えるかも知れ
ない．厳密な論証による正しい数学が不要になるわけではないが，実用面
では正確な数値は必要なく近似で十分事足りることが多い．円周率を"お
よそ3"とするのは極端であるが，「評価」という感覚は必要になろう.

　また，一般的な解法のみに頼るのではなく，個別の問題に対して最適な
解法を選択することも必要になる．問題の個性を感じ取り，必要な情報の
みを抽出するのである.

　一方で，数学概念の深い理解も求められる．数学を表現するのには「数
式」「日本語」「図」という3つの形態がある．それらを自由に行き来しな
がら概念を正確にイメージでき，言語化できることが必要になる.

　問題と解答を1対1対応させるような「知識・技能」重視の数学教育は
終わりを迎える．また，数学的厳密性を重視し過ぎて生徒を置き去りにす
ることも許されない．生きていくための「思考力・判断力・表現力」の育
成を意識しなければならない.

　本書は，「解法を定着させる」というこれまでの数学参考書・問題集と
はまったく違う思想に基づいている．「活用」をキーワードに，「難しくは
ないが答えにくい問題」を取り上げている．表面的な問題ではなく，数学
を深く理解し，正しくイメージできていないと考えられない問題ばかりで
ある.

「思考力・判断力・表現力」を発揮するための流れは

　　　　【題意を明確化，論点を抽出】
　　　　　　　　　↓
　　　　【議論に必要な情報収集】
　　　　　　　　　↓
　　　　【正しい推論，論証】

である．「基本解法の中から使えるものを探す」というこれまでの数学とは頭の使い方が違う．道具頼りのこれまでの数学ではなく，工夫することが必要になるような数学である．ずる賢さも求められる．問題を型にはめるのではなく，問題に合う型を自ら作り出す．

　新しい時代に向けて，そんな問題集を作りたい．

　それが本シリーズに込めた思いである．
　既存問題集にあるような問題は掲載していない．教科書の知識で思考できる範囲で問題を作っており，単元の融合問題も含まれることを注意しておく．

　各章は，基本概念の列挙，問題，解答解説からなる．問題は１人で考えても良いし，仲間と一緒に考えても良い．解答解説を見る前に，あぁだこぉだと考えてもらいたい．解答解説に先立って問題を考えるためのヒントを挙げているものもあるので，そちらも参照しながら考えてもらいたい．そうして確認のために解答解説を読んでもらいたい．

「答えを見て丸暗記」という使い方はしないでもらいたい．「どうしてこんな風に考えるのか？」「自分はどうやったらこう考えられるか？」と自問自答してもらいたい．そのヒントとなるように，解説は思考部分を重視している．

数学を道具として，また現象として，正しくイメージできるようになってもらいたい．身に付けてもらいたいイメージについてもできるだけ詳しく解説する．特に数学Ⅲは理論が難しかったり，計算手法が複雑だったりで，知識・技能の習得で苦労するかも知れない．極限・微分・積分は大学数学（解析学）に直結する部分で，高校数学で厳密には扱い切れない部分が多いため，独特な理論体系になっていることは否定できない．だからこそ，確固としたイメージを掴み，正しいかどうかを自分で「判断」できるようになってもらいたい．

高校生にとって新しい数学は，定期テストでさえ暗記で乗り切れないから，既存の感覚では苦しいものになるかも知れない．しかし，自分で考える自由度が増し，楽しさを感じることができるものになる．
勉強はつらい反復だけではなく，問題を自分で解決する楽しいものである．本書を通じてそれを感じてくれる人がいたら，この上ない喜びである．

数学を通じて「思考力・判断力・表現力」を磨いていこう！

吉田　信夫

目 次

1 数学Ⅲ－①：関数

数学Ⅲ－①：「関数」で扱う概念は

□分数関数

□無理関数

□逆関数と合成関数

である．

2つの変数 x，y があって，x の値を定めるとそれに対応して y の値が ただ1つ定まるとき，y は x の関数であるという．「ただ1つ」が重要である． x のとる値の範囲を定義域といい，y がとる値の範囲を値域という．定義 域を変えると，違う関数になる．

関数 $y = f(x)$ が与えられたとき，点集合

$$\{(X,\ Y)\,|\,Y = f(X)\}$$

が関数 $y = f(x)$ のグラフである．グラフが定義されるのは関数に対してで あるから，例えば，円 $x^2 + y^2 = 1$ は関数のグラフではない（実際，$x = 0$ に対して $y = 1$，-1 と2つの y の値が対応する）．

こういった細かい定義の部分を大事にしながら，グラフを使って解く 方法と，計算で厳密に解き切る方法の両方を本章では取り上げていきた い．計算ベースにすることは本書のポリシーとは食い違うが，思考・判断・ 表現力を高める上で必要な要素としてやっていきたい．

問題 1-1

次の各関数のグラフを表すものとして最も適するものを，下の ⓪ 〜 ⑧ からそれぞれ選べ．適するものがない場合は，「無し」と答えよ．

(1) $y = \sqrt{x+2} - 2$ 　　(2) $y = \sqrt{3-x} - 1$

(3) $y = -\sqrt{x-3} + 2$ 　　(4) $y = -\sqrt{x+2} + 1$

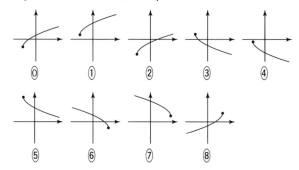

問題 1-2

グラフが右の図のようになる分数関数として適するものを次の ⓪ 〜 ⑦ から選べ．

⓪ $y = \dfrac{3x-7}{x-2}$ 　　① $y = \dfrac{x+3}{x-2}$

② $y = \dfrac{3x+7}{x-2}$ 　　③ $y = \dfrac{x-3}{x-2}$

④ $y = \dfrac{3x-7}{x+2}$ 　　⑤ $y = \dfrac{x+3}{x+2}$

⑥ $y = \dfrac{3x+7}{x+2}$ 　　⑦ $y = \dfrac{x-3}{x+2}$

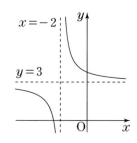

問題 1-3

x の方程式①について考える：

$$\sqrt{x+2}=x \quad \cdots\cdots \quad ①$$

①の両辺を 2 乗すると，

$$x+2=x^2 \quad \cdots\cdots \quad ②$$

$$x^2-x-2=0 \quad \therefore \quad (x-2)(x+1)=0$$

となり，$x=2,\ -1$ が得られる．

(1) ①の解を求めよ．

(2) 図は $y=\sqrt{x+2}$ のグラフである．
このグラフ上に x 座標が①の解であ
るような点を描く方法を説明し，実
際に書き入れよ．

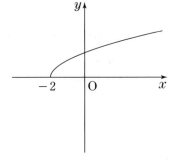

(3) ②の解のうち，①の解でないもの
（α とおく）にはどういう意味がある
か．点 $(\alpha,\ \alpha)$ を (2) の図に描く方法
を説明し，実際に書き入れよ．

(4) 式計算だけで①を解くには，①を「②かつ　③　」と言い換える．
③に当てはまるものとして最も適当なものを次の⓪〜⑤から選べ．

⓪ $\sqrt{x+2}\geqq 0$ ① $\sqrt{x+2}>0$ ② $x\geqq 0$

③ $x>0$ ④ $x+2\geqq 0$ ⑤ $x+2>0$

問題 1-4

x の不等式①について考える:

$$\sqrt{x+2} \geqq x \quad \cdots\cdots \quad ①$$

(1) まず，おかしな解法から始めよう．①の両辺を 2 乗すると，

$$x+2 \geqq x^2 \quad \cdots\cdots \quad ②$$

$$x^2 - x - 2 \leqq 0 \quad \therefore \quad (x-2)(x+1) \leqq 0$$

となり，$-1 \leqq x \leqq 2$ が得られる．

$-1 \leqq x \leqq 2$ は①の解ではない．適当な x の値に注目することで，その理由を説明せよ．

(2) 次に，グラフを使って考えよう（前問と 同じグラフである）．右のグラフを利用して， ①の解を求めよ．

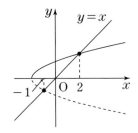

(3) おかしな解法を修正して，計算だけで正 しい解を求めたい．

ⅰ) ①の左辺が定義される x の範囲を求めよ．

ⅱ) ①の左辺は，ⅰ)のすべての x について 0 以上の値である．このこと に注意すると，ⅰ)のうちのある範囲において①は必ず成り立つ．そ れ以外の x においては，①の言い換えが②になる．

これらを踏まえて，計算により①の解を求めよ．

問題 1-5

x の不等式①について考える：

$$\frac{3-x}{x+1} \geq x \quad \cdots\cdots \quad ①$$

(1) まず，おかしな解法から始めよう．①の両辺に $x+1$ をかけると，

$$3-x \geq x^2+x \quad \cdots\cdots \quad ②$$

$$x^2+2x-3 \leq 0 \quad \therefore \quad (x-1)(x+3) \leq 0$$

となり，$-3 \leq x \leq 1$ が得られる．

$-3 \leq x \leq 1$ は解だろうか？ $x=0$，$x=-2$，$x=-1$ で①が成り立つかどうかを確認せよ．

(2) 次に，グラフを使って考えよう．$y = \dfrac{3-x}{x+1}$ ，$y=x$ のグラフを利用して，①の解を求めよ．

(3) おかしな解法を修正して，計算だけで正しい解を求めたい．

ⅰ) $x > -1$ において①を満たす x の条件を求めよ．また，$x < -1$ において①を満たす x の条件を求めよ．

ⅱ) ①の両辺にかけるものの符号が決まらないことが問題点であった．そこで，$(x+1)^2$ をかけてみよう．すると，

$$(3-x)(x+1) \geq (x^2+x)(x+1)$$

$$(x-1)(x+1)(x+3) \leq 0$$

$$\therefore \quad x \leq -3 \quad \text{または} \quad -1 \leq x \leq 1$$

となる．解はこれで良いだろうか？必要ならば修正せよ．

問題 1-6

(1) 関数に関して述べた以下の文において，①～③に当てはまるものを選
　　択肢 ⓪，① から選べ．

> 　2つの変数 x，y があって，x の値を定めるとそれに対応して y の
> 値が ① 定まるとき，y は x の関数であるという．関数 $y = f(x)$
> において変数 x のとりうる値の範囲を，この関数の定義域という．ま
> た，x が定義域全体を動くとき，y のとる値の範囲をこの関数の値域
> という．値域に含まれる任意の y の値に対して，対応する x の値が
> ② 存在する．
> 　$f(x)$ に逆関数 $f^{-1}(x)$ が存在する条件は，値域に含まれる任意の
> y の値に対して，対応する x の値が ③ 存在することである．

[選択肢]

　⓪ ただ1つ　　　　　　　　　① 少なくとも1つ

(2) 次の x，y の関係式①～③について，次の ⓪ ～ ③ から当てはまるも
　　のをすべて選べ．

　　　① $x^2 + y^2 = 1 \ (x \geqq 0)$　　② $x^2 + y^2 = 1 \ (y \geqq 0)$
　　　③ $x^2 + y^2 = 1 \ (xy > 0)$

[選択肢]

　⓪ y は x の関数ではない　　① x は y の関数である

　② y は x の関数であるが，その逆関数は存在しない

　③ y は x の関数で，その逆関数が存在する

問題 1-7

　関数 $y=f(x)$ が逆関数 $y=g(x)$ をもつとする．点 $(a,\ b)$ が $y=g(x)$ のグラフ上にある条件は，$b=g(a)$ であるが，これは $a=f(b)$ と同じ意味である．よって，$y=f(x)$ と $y=g(x)$ のグラフは，直線 $y=x$ について対称である．そのため，定義域と値域が入れ替わることになる．これらを踏まえて以下に答えよ．

(1)　関数 $y=x$ の逆関数を求めよ．

(2)　a を実数とし，関数 $y=\dfrac{ax+1}{x-1}$ について考える．この関数が逆関数をもたないような a の値を求めよ．また，逆関数が $y=\dfrac{ax+1}{x-1}$ と一致するような a の値を求めよ．

(3)　関数 $y=f(x)$ の逆関数を $y=g(x)$ とする．

　　例えば，$f(x)=-x$ のとき，$g(x)=-x$ で，$y=f(x)$ と $y=g(x)$ のグラフの共有点は，$y=-x$ 上のすべての点である．

　　一般に，$y=f(x)$ が $y=x$ と共有点をもつとき，その点は $y=g(x)$ のグラフ上にもある．$y=f(x)$ と $y=g(x)$ のグラフの共有点である．しかし，上の例のように，$y=f(x)$ と $y=g(x)$ のグラフの共有点は，「$y=x$ 上にしかない」というわけではない．

　　次の条件をすべて満たす関数 $y=f(x)$ の例を 1 つ挙げよ．

　　1)　定義域，値域は実数全体であり，逆関数 $y=g(x)$ をもつ

　　2)　$y=f(x)$ と $y=g(x)$ のグラフの共有点は 3 つあり，そのうち 1 つだけが直線 $y=x$ 上にある

解答・解説

問題 1-1

次の各関数のグラフを表すものとして最も適するものを，下の ⓪ 〜 ⑧ からそれぞれ選べ．適するものがない場合は，「無し」と答えよ．

(1) $y=\sqrt{x+2}-2$　　(2) $y=\sqrt{3-x}-1$

(3) $y=-\sqrt{x-3}+2$　　(4) $y=-\sqrt{x+2}+1$

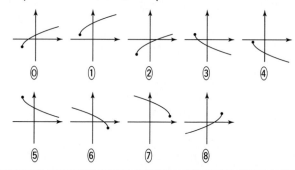

⓪　　　①　　　②　　　③　　　④

⑤　　　⑥　　　⑦　　　⑧

【ヒント】

どのグラフも横向き放物線の上下どちらか半分になる．

平方根の中は 0 以上のすべての値をとることから，定義域が分かる．平方根の値は 0 以上のすべての値をとることから，値域が分かる．この 2 つを合わせて，放物線の頂点の位置が分かる．

さらに，y 軸との交点による区別も必要になりそうである．

この観点がなかった人は，改めて考えてみよう！

【解答・解説】

(1) $x\geqq-2$, $y\geqq-2$ で，頂点は $(-2, -2)$, $x=0$ で $y<0$. ② が適する．

(2) $x\leqq3$, $y\geqq-1$ で，頂点は $(3, -1)$, $x=0$ で $y>0$. ⑥ が適する．

(3) $x\geqq3$, $y\leqq2$ で，適するのは「無し」．

(4) $x\geqq-2$, $y\leqq1$ で，頂点は $(-2, 1)$, $x=0$ で $y<0$. ③ が適する．

グラフが右の図のようになる分数関数として

適するものを次の ⓪ 〜 ⑦ から選べ.

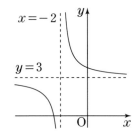

⓪ $y=\dfrac{3x-7}{x-2}$ ① $y=\dfrac{x+3}{x-2}$

② $y=\dfrac{3x+7}{x-2}$ ③ $y=\dfrac{x-3}{x-2}$

④ $y=\dfrac{3x-7}{x+2}$ ⑤ $y=\dfrac{x+3}{x+2}$

⑥ $y=\dfrac{3x+7}{x+2}$ ⑦ $y=\dfrac{x-3}{x+2}$

【ヒント】

（分母）＝ 0 となる x は定義域に入らない. 漸近線として現れる. また,

グラフ上の点で y 座標が極限値 $\displaystyle\lim_{x\to\pm\infty} y$ と等しくなる点は存在しない. こ

れも漸近線として現れる.

この観点がなかった人は, 改めて考えてみよう!

【解答・解説】

$x=-2$ が漸近線となるのは ④ 〜 ⑦ である. このうち, $y=3$ が漸近線と

なるのは, $\displaystyle\lim_{x\to\pm\infty} y=3$ となる ④, ⑥ である. $x=0$ で $y>3$ となる方が適する.

それは ⑥ である.

■

※   ④ $y=3+\dfrac{-13}{x+2}$ ⑥ $y=3+\dfrac{1}{x+2}$

である. それぞれ, 比例定数が -13, 1 の反比例を表すグラフを, x 軸

方向に -2, y 軸方向に 3 だけ平行移動して得られるグラフである.

⑥ は $(x+2)(y-3)=1$ と見ることもでき, 2 次曲線である.

$\boxed{\text{問題 1-3}}$

x の方程式①について考える:

$$\sqrt{x+2}=x \quad \cdots\cdots \quad ①$$

①の両辺を2乗すると,

$$x+2=x^2 \quad \cdots\cdots \quad ②$$

$$x^2-x-2=0 \quad \therefore \quad (x-2)(x+1)=0$$

となり, $x=2, -1$ が得られる.

(1) ①の解を求めよ.

(2) 図は $y=\sqrt{x+2}$ のグラフである.
このグラフ上に x 座標が①の解であるような点を描く方法を説明し, 実際に書き入れよ.

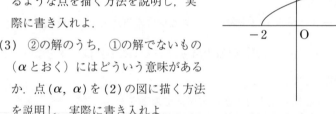

(3) ②の解のうち, ①の解でないもの (α とおく) にはどういう意味があるか. 点 (α, α) を (2) の図に描く方法を説明し, 実際に書き入れよ.

(4) 式計算だけで①を解くには, ①を「②かつ $\boxed{③}$ 」と言い換える.
③に当てはまるものとして最も適当なものを次の ⓪ ～ ⑤ から選べ.

  ⓪ $\sqrt{x+2}\geqq 0$ ① $\sqrt{x+2}>0$ ② $x\geqq 0$

  ③ $x>0$ ④ $x+2\geqq 0$ ⑤ $x+2>0$

【ヒント】

①を満たすならば②を満たす. しかし, ②を満たすからといって①を満たすとは限らない. $x=2, -1$ のうち①を満たすものが解である.

①は2つのグラフの共有点の x 座標を求める方程式と見ることができる. また, ②は, 「$\sqrt{x+2}=x$ または $-\sqrt{x+2}=x$」である. これを図示するとどうなるだろう? これらを見比べて, ③に適するものを考えよう.

この観点がなかった人は, 改めて考えてみよう!

【解答・解説】

(1) ①ならば②が成り立つから，$x=2$，-1 以外に①の解はありえない.

　　このうち，①を満たすのは $x=2$ のみであるから，①の解は $x=2$ である（$x=2$ のとき，①の両辺は 2 で等しいが，$x=-1$ のとき，①の左辺，右辺は順に 1，-1 で等しくない）.

(2) $y=\sqrt{x+2}$ と $y=x$ を連立して y を消去すると①になる．①は，2 つのグラフの共有点の x 座標を表している．図に直線 $y=x$ を描くと，2 つの交点が考えるべき点である．

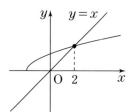

(3) ②は

$$① \quad または \quad -\sqrt{x+2}=x$$

で，$x=-1(=\alpha)$ は後者を満たすものである．

　　$y=\sqrt{x+2}$ を x 軸について対称移動したグラフ $y=-\sqrt{x+2}$ を描き，それと $y=x$ の交点が，考えるべき点 $(\alpha,\ \alpha)$ である．

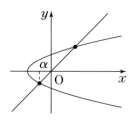

(4) 2 つのグラフ $y=\sqrt{x+2}$ と $y=-\sqrt{x+2}$ の和集合が，放物線

$$y^2=x+2 \quad \cdots\cdots \quad (*)$$

であり，これと $y=x$ の共有点の x 座標を求めるのが②である．$(*)$ の $y\geqq0$ の部分が $y=\sqrt{x+2}$ である．実数 x についての条件として，①は

「$y^2=x+2$　かつ　$y=x$　かつ　$y\geqq0$

を満たす y が存在する」

と同値であるから，$y=x$ を利用して y を消去した「②かつ $x\geqq0$」が①の最もよい言い換えになっている．③に最も適当なものは②である.

■

※ (4)では，$x=2$ で成り立つが $x=-1$ で成り立たないような不等式が適するものである．それは②，③であるが，より適当な②を選んだ．

　　⓪，④はそれぞれ $y=\sqrt{x+2}$ の値域と定義域である．②の式から④は導かれることを注意しておこう.

17

x の不等式①について考える：

$$\sqrt{x+2} \geqq x \quad \cdots\cdots \quad ①$$

（1）　まず，おかしな解法から始めよう．①の両辺を 2 乗すると，

$$x+2 \geqq x^2 \quad \cdots\cdots \quad ②$$

$$x^2 - x - 2 \leqq 0 \quad \therefore \quad (x-2)(x+1) \leqq 0$$

となり，$-1 \leqq x \leqq 2$ が得られる．

　$-1 \leqq x \leqq 2$ は①の解ではない．適当な x の値に注目することで，その理由を説明せよ．

（2）　次に，グラフを使って考えよう（前問と同じグラフである）．右のグラフを利用して，①の解を求めよ．

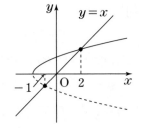

（3）　おかしな解法を修正して，計算だけで正しい解を求めたい．

ⅰ）　①の左辺が定義される x の範囲を求めよ．

ⅱ）　①の左辺は，ⅰ）のすべての x について 0 以上の値である．このことに注意すると，ⅰ）のうちのある範囲において①は必ず成り立つ．それ以外の x においては，①の言い換えが②になる．

　これらを踏まえて，計算により①の解を求めよ．

【ヒント】

　解とは，代入して①を成立させるような数全体の集合のことである．「この範囲内ではない x で①が成り立つもの」を探してみよう．

　（2）では，①を 2 つのグラフ $y = \sqrt{x+2}$ と $y = x$ の位置関係として言い換えよう．ただし，$y = \sqrt{x+2}$ の定義域内の x でしか①は意味をなさない．

　（3）では，ⅰ）の範囲を 2 つに分けて，それぞれの範囲における解を求めよう．それらをまとめて解を求めるときに，【場合分け】，【和集合】，【共通部分】のどれを考えるのだろうか？

　この観点がなかった人は，改めて考えてみよう！

【解答・解説】

(1) $-1 \leqq x \leqq 2$ に含まれていない $x = -2$ について考える. このとき,

$$(\text{①の左辺}) = 0, \quad (\text{①の右辺}) = -2$$

であるから, ①が成り立つ. $x = -2$ が含まれていないから $-1 \leqq x \leqq 2$ は解ではない.

(2) ①は, $y = \sqrt{x+2}$ と $y = x$ のグラフの上下関係を調べることで解くことができる.

まず, ①が定義される条件は $x \geqq -2$ である. $y = \sqrt{x+2}$ と $y = x$ の共有点の x 座標は $x = 2$ である. $y = \sqrt{x+2}$ の方が上にある x の範囲を求めれば良いから, ①の解は $-2 \leqq x \leqq 2$ である.

(3)

ⅰ) ①が定義される条件は $x \geqq -2$ である(上でも確認した).

ⅱ) $-2 \leqq x \leqq 0$ のとき, ①の左辺は 0 以上で, 右辺は 0 以下であるから, ①が成り立つ.

$x > 0$ で①が成り立つ条件を考える. このとき, ①は両辺が 0 以上であるから, ②を考えれば良い.

$$(x-2)(x+1) \leqq 0 \quad \text{かつ} \quad x > 0$$

より, $0 < x \leqq 2$ である.

以上から, ①の解は

$$-2 \leqq x \leqq 0 \quad \text{または} \quad 0 < x \leqq 2 \quad \therefore \quad -2 \leqq x \leqq 2$$

■

※ (3)ⅱ)では,「$-2 \leqq x \leqq 0$ のとき」と「$x > 0$ のとき」を分けて考えた. これは, 文字定数による場合分けではない!①を満たす x 全体の集合を考えるのに, 次のように和集合を使って考えたのである.

$$\{x \,|\, x \text{ は①かつ} -2 \leqq x \leqq 0 \text{ を満たす}\}$$
$$\cup \{x \,|\, x \text{ は①かつ} x > 0 \text{ を満たす}\}$$
$$= \{x \,|\, -2 \leqq x \leqq 0\} \cup \{x \,|\, 0 < x \leqq 2\}$$
$$= \{x \,|\, -2 \leqq x \leqq 2\}$$

問題 1-5

x の不等式①について考える：

$$\frac{3-x}{x+1} \geq x \quad \cdots\cdots \quad ①$$

(1) まず，おかしな解法から始めよう．①の両辺に $x+1$ をかけると，

$$3-x \geq x^2+x \quad \cdots\cdots \quad ②$$

$$x^2+2x-3 \leq 0 \quad \therefore \quad (x-1)(x+3) \leq 0$$

となり，$-3 \leq x \leq 1$ が得られる．

$-3 \leq x \leq 1$ は解だろうか？ $x=0$，$x=-2$，$x=-1$ で①が成り立つか
どうかを確認せよ．

(2) 次に，グラフを使って考えよう．$y=\dfrac{3-x}{x+1}$，$y=x$ のグラフを利用し
て，①の解を求めよ．

(3) おかしな解法を修正して，計算だけで正しい解を求めたい．

ⅰ) $x>-1$ において①を満たす x の条件を求めよ．また，$x<-1$ にお
いて①を満たす x の条件を求めよ．

ⅱ) ①の両辺にかけるものの符号が決まらないことが問題点であった．
そこで，$(x+1)^2$ をかけてみよう．すると，

$$(3-x)(x+1) \geq (x^2+x)(x+1)$$

$$(x-1)(x+1)(x+3) \leq 0$$

$$\therefore \quad x \leq -3 \quad または \quad -1 \leq x \leq 1$$

となる．解はこれで良いだろうか？必要ならば修正せよ．

【ヒント】

(1)の選択肢は，「成り立つ」，「成り立たない」だけではない．(2)でグ
ラフの共有点の x 座標は，(1)の過程から分かる．

(3)ⅰ)では，前問の解説の通り，和集合に分割している．(3)ⅱ)では
①の前提となる条件に注意すれば，(2)や(3)ⅰ)の解と同じものが得ら
れる．

この観点がなかった人は，改めて考えてみよう！

【解答・解説】

(1) $x=0$ のとき，①は成り立つ.

$$(①の左辺)=3, \quad (①の右辺)=0$$

$x=-2$ のとき，①は成り立たない.

$$(①の左辺)=-5, \quad (①の右辺)=-2$$

$x=-1$ のとき，左辺が定義されないから，①は定義されない.

(2) $y=\dfrac{3-x}{x+1}$ ，$y=x$ のグラフの上下関係を

考える. (1) の過程から，共有点の x 座標は

$x=1, -3$ である．$y=\dfrac{3-x}{x+1}$ の方が上にある

x の範囲を考えれば良いから，

$$x \leqq -3, \quad -1 < x \leqq 1$$

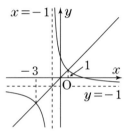

(3)

ⅰ）$x>-1$ において，①は (1) の②と同値であり，$-1<x\leqq 1$ が条件である.

$x<-1$ においては，②と不等号の向きが逆になるから，求める条件は $x\leqq -3$ である.

ⅱ）「$x\leqq -3$ または $-1\leqq x\leqq 1$」は誤りである.

①の左辺が定義される条件は $x\neq -1$ で，このとき，$(x+1)^2>0$ である．①を解くと

$$(3-x)(x+1) \geqq (x^2+x)(x+1) \quad かつ \quad x\neq -1$$

$$「x \leqq -3 \quad または \quad -1\leqq x \leqq 1」 \quad かつ \quad x\neq -1$$

$$\therefore \quad x\leqq -3 \quad または \quad -1<x\leqq 1$$

∎

※ 分数，平方根，対数が含まれる式では，式変形するよりも前に，それが定義される条件を考えておく必要がある．式変形すると，定義される条件が変わってしまうかも知れないからである.

平方根では 2 乗するときに注意が必要になり，分数では分母を払うときに注意が必要になる．グラフと合わせて考えるとミスが減る.

21

（1） 関数に関して述べた以下の文において, ①〜③に当てはまるものを選択肢 ⓪, ① から選べ.

2つの変数 x, y があって, x の値を定めるとそれに対応して y の値が ① 定まるとき, y は x の関数であるという. 関数 $y = f(x)$ において変数 x のとりうる値の範囲を, この関数の定義域という. また, x が定義域全体を動くとき, y のとる値の範囲をこの関数の値域という. 値域に含まれる任意の y の値に対して, 対応する x の値が ② 存在する.

$f(x)$ に逆関数 $f^{-1}(x)$ が存在する条件は, 値域に含まれる任意の y の値に対して, 対応する x の値が ③ 存在することである.

[選択肢]

  ⓪   ただ 1 つ   ①   少なくとも 1 つ

（2） 次の x, y の関係式①〜③について, 次の ⓪ 〜 ③ から当てはまるものをすべて選べ.

    ① $x^2 + y^2 = 1 \ (x \geqq 0)$ ② $x^2 + y^2 = 1 \ (y \geqq 0)$

    ③ $x^2 + y^2 = 1 \ (xy > 0)$

[選択肢]

  ⓪ y は x の関数ではない   ① x は y の関数である

  ② y は x の関数であるが, その逆関数は存在しない

  ③ y は x の関数で, その逆関数が存在する

【ヒント】

  関数, 逆関数の定義を調べてみよ.

  （2）はそれぞれが表す曲線を考えると良い. 関数であるか, 逆関数が存在するかの判断は, （1）を参照せよ.

  この観点がなかった人は, 改めて考えてみよう！

【解答・解説】

(1) x の値を定めるとそれに対応して y の値が「ただ1つ」定まるとき，y は x の関数であるという。

値域は y のとりうる値の範囲であるから，定義域内の何らかの x に対応するものである。つまり，値域に含まれる任意の y の値に対して，対応する x の値が「少なくとも1つ」存在する（個数は1つとは限らない）。

値域に含まれる任意の y の値に対して，対応する x の値が「ただ1つ」存在するとき，x は y の関数である。この逆の対応が逆関数である。

(2) ①〜③は次の曲線を表す。ここで，③の $xy > 0$ は，以下の通り：

$$x > 0,\ y > 0\quad または\quad x < 0,\ y < 0$$

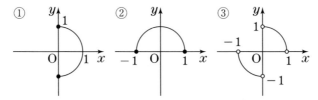

⓪が当てはまるのは，値域内のどの $y = b$ に対しても対応する x の値がただ1つであるもので，①と③である。

⓪が当てはまるのは，定義域内のある $x = a$ に対して対応する y の値が2つ以上存在するもので，①のみである。

①は，⓪と⓪が当てはまる。

②は，定義域内のどの $x = a$ に対しても対応する y の値がただ1つであるから，y は x の関数である。また，x が y の関数ではないので，逆関数は存在しない。当てはまるのは②である。

③は，y が x の関数で，x が y の関数でもある。当てはまるのは⓪と③である。

■

※ 関数では xy 平面で図示することを念頭に，「x を使って y を定める」という形式をとる。関数 $y = f(x)$ の逆関数も，$y = g(x)$ や $y = f^{-1}(x)$ という風に「$y = \sim$」の形で書く。$y = f(x)$ と $y = g(x)$ では，定義域と値域の区間が入れ替わり，$y = g(x)$ は $x = f(y)$ と同じ意味である。

23

関数 $y = f(x)$ が逆関数 $y = g(x)$ をもつとする．点 (a, b) が $y = g(x)$ のグラフ上にある条件は，$b = g(a)$ であるが，これは $a = f(b)$ と同じ意味である．よって，$y = f(x)$ と $y = g(x)$ のグラフは，直線 $y = x$ について対称である．そのため，定義域と値域が入れ替わることになる．これらを踏まえて以下に答えよ．

（1） 関数 $y = x$ の逆関数を求めよ．

（2） a を実数とし，関数 $y = \dfrac{ax+1}{x-1}$ について考える．この関数が逆関数をもたないような a の値を求めよ．また，逆関数が $y = \dfrac{ax+1}{x-1}$ と一致するような a の値を求めよ．

（3） 関数 $y = f(x)$ の逆関数を $y = g(x)$ とする．

例えば，$f(x) = -x$ のとき，$g(x) = -x$ で，$y = f(x)$ と $y = g(x)$ のグラフの共有点は，$y = -x$ 上のすべての点である．

一般に，$y = f(x)$ が $y = x$ と共有点をもつとき，その点は $y = g(x)$ のグラフ上にもある．$y = f(x)$ と $y = g(x)$ のグラフの共有点である．しかし，上の例のように，$y = f(x)$ と $y = g(x)$ のグラフの共有点は，「$y = x$ 上にしかない」というわけではない．

次の条件をすべて満たす関数 $y = f(x)$ の例を 1 つ挙げよ．

　　1） 定義域，値域は実数全体であり，逆関数 $y = g(x)$ をもつ

　　2） $y = f(x)$ と $y = g(x)$ のグラフの共有点は 3 つあり，そのうち 1 つだけが直線 $y = x$ 上にある

【ヒント】

$y = x$，$y = -x$，$xy = 1$ において，x と y を入れ替えたものは，$x = y$，$x = -y$，$yx = 1$ で，それぞれ元と同じ式である（逆関数が元と一致！）．

（3）では，具体的に考えていこう．例えば，$(1, -1)$，$(-1, 1)$ および，$(0, 0)$ を通るものを考えてみよう．ただし，他に共有点がないように！

この観点がなかった人は，改めて考えてみよう！

【解答・解説】

(1) $y=x$ は単調増加だから逆関数がある. $y=x$ で x と y を入れ替えても同じ式になるから, 逆関数も $y=x$ である.

(2) 関数 $y=\dfrac{ax+1}{x-1}$ の定義域は $x\neq1$ である. $a=-1$ のとき,

$$y=-1 \quad (x\neq1)$$

で, 逆関数は存在しない. $a\neq-1$ のとき, 分母と分子が1次式で, 逆関数は存在する. 逆関数が存在しない条件は $a=-1$ である.

$a\neq-1$ のとき, $x\to\infty$ のとき $y\to a$ であるから, 値域は $y\neq a$ である. 逆関数は, 定義域が $x\neq a$ で, 値域が $y\neq1$ である. 逆関数が元の関数と一致するならば, 元の関数で定義域と値域が一致し, $a=1$ である. 逆に,

$a=1$ のとき, $y=\dfrac{x+1}{x-1}$ の逆関数 $y=g(x)$ について, $x\neq1$ において

$$y=g(x) \iff x=\frac{y+1}{y-1}$$

である. これを y について解くと,

$$x(y-1)=y+1 \quad \therefore \quad y(x-1)=x+1$$

で, $y=\dfrac{x+1}{x-1}$ である. これが逆関数で, 確かに元の関数と一致している.

(3) $f(x)=-x^3$ が一例である. 以下で検証する.

実数全体で定義され, 単調減少より, 逆関数は存在する. $g(x)=-\sqrt[3]{x}$ で, 1) を満たす.

$y=-x^3$ と $y=g(x)$ は3点 $(0,\ 0)$, $(1,\ -1)$, $(-1,\ 1)$ を通り, $y=-x$ との位置関係を見ると, これら以外に $y=-x^3$ と $y=g(x)$ は共有点をもたない. 2) も満たす.

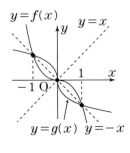

■

※ (2)の式は $(x-1)(y-a)=a+1$ と変形できる. この状態で x と y を入れ替えると逆関数に対応する方程式 $(y-1)(x-a)=a+1$ が得られる. これが元と同じである条件は, $a=1$ である.

25

数学Ⅲ-②：「極限」で扱う概念は

□数列の極限

　　・数列の極限　　・無限等比数列　　・無限級数

□関数の極限

　　・関数の極限　　・三角関数と極限　　・関数の連続性

である．

　値を求める問題のようであっても，「存在」や「収束」を前提にすることができず，常に証明問題であるという感覚が必要になる分野である．

　高校数学では，極限の存在，収束を厳密に定義できない．そのため，許される表現が限定的になっており，やって良いことのみが提示されることが多い．本章では，やってはならないことを明確にし，高校数学の極限における厳密性を目指していきたい．

　この範囲で，明確な定義，厳密な証明がなされていないのは，以下の項目などである：

・限りなく大きくする（なる），∞

・限りなく近づく

・収束する数列の和などの収束

・はさみうちの原理

・連続性

・連続関数の和などの連続性

・閉区間で連続な関数が最大値・最小値をもつこと

・中間値の定理

このように，他の分野にないほど不安定な土台の上に構築されている．それを受け入れ，どのように高校数学として完結させるかを見ていこう．

　また，以後の各章では，電卓（**Excel**）を用いた直観的な把握もやっていく．それらを通じて，数値によるイメージを掴んでもらいたい．

[問題 2-1]

$a_n = 2^{\frac{1}{n}}$ ($n = 1, 2, 3, \cdots\cdots$) で表される数列 $\{a_n\}$ について極限 $\lim_{n\to\infty} a_n$ を考えたい. 例えば, Excel のセルに「=2^(1/3)」と入力すると a_3 が得られる. 必要に応じて小数第 7 位を四捨五入した値を次の表に入れよ.

n	2	10	100	1000	10000
a_n					

これを見ると, $\{a_n\}$ の極限を予想することができる. しかし, 論証としては不十分である.

数列 $\{b_n\}$ を $b_n = \log a_n$ ($n = 1, 2, 3, \cdots\cdots$) によって定める. $\lim_{n\to\infty} b_n$ を求め, それを利用して $\lim_{n\to\infty} a_n$ を求めよ.

また, $\lim_{n\to\infty}\left(\dfrac{1}{2}\right)^{\frac{1}{n}}$ を求めよ.

問題

27

問題 2-2

$\lim_{n \to \infty} n^{\frac{1}{n}} = 1$ について考えたい (n は自然数).

例えば, Excel のセルに「=3^(1/3)」と入力すると第 3 項が得られる.
必要に応じて小数第 7 位を四捨五入した値を次の表に入れよ.

n	2	10	100	1000	10000
第 n 項					

(1) 前問の補足で, 正の数 a に対して $\lim_{n \to \infty} a^{\frac{1}{n}} = 1$ であることを確認した.

『 a は何でも良いのだから, n に変えて $\lim_{n \to \infty} n^{\frac{1}{n}} = 1$ を導くことはできる』

と言えるだろうか？これについて, 理由も添えて可否を述べよ.

(2) 前問のように対数をとって, 極限 $\lim_{n \to \infty} \dfrac{\log_2 n}{n}$ を考える.

例えば, Excel のセルに「=LOG(3, 2)/3」と入力すると第 3 項が得られる. 必要に応じて小数第 7 位を四捨五入した値を次の表に入れよ.

n	2	10	100	1000	10000
第 n 項					

$\lim_{n \to \infty} \dfrac{\log_2 n}{n} = 0$ であることを既知として, $\lim_{n \to \infty} n^{\frac{1}{n}}$ を求めよ.

※ $\lim_{n \to \infty} \dfrac{\log_2 n}{n}$ の計算 (上下ともに限りなく大きくなり, その発散速度を比較するもの) は, 別の問題で考える. ここでは, Excel を用いてそれを実感できたことでいったん納得しておこう.

問題2-3

$\displaystyle\lim_{n\to\infty}\frac{3^n}{n!}$ について考えたい (n は自然数).

例えば, Excel のセルに「=3^2/FACT(2)」と入力すると第 2 項が得られる. 必要に応じて小数第 7 位を四捨五入した値を次の表に入れよ.

n	2	5	7	10	15
第 n 項					

第 20 項は 0.0000000014 ……である. 収束して極限値は 0 であると予想できる. 分母, 分子ともどこまでも大きくなるが, そのペースが違うのである. その比較のために次の表を埋めよ.

n	6	7	8	9	10
分子					
分母					

分子は, n が 1 変化すると 3 倍される. 分母は, 倍率が変化している. n が大きいほど掛ける数が大きくなり, 途中からは 4 以上の数 (3 より大) ばかりを掛けている. これが, 分母と分子の発散するペースの違いの評価につながる. つまり, 以下のように考えられる.

$n\geqq 4$ のとき, 分母は

$$n!=1\cdot 2\cdot 3\cdot 4\cdot 5\cdot 6\cdot 7\cdot 8\cdots\cdots\cdot n$$
$$\geqq 1\cdot 2\cdot 3\cdot 4\cdot 4\cdot 4\cdot 4\cdot 4\cdots\cdots\cdot 4$$
$$\geqq 3!\cdot 4^{n-3}$$

を満たす.

これを利用して, $\displaystyle\lim_{n\to\infty}\frac{3^n}{n!}$ を求めよ.

問題 2-4

$\displaystyle\lim_{n\to\infty}\frac{n^3}{3^n}$ について考えたい (n は自然数).

分母は, n が 1 増えると 3 倍される.

分子はどうだろうか?比率 $\dfrac{(n+1)^3}{n^3}$ を求めてみよう. 例えば, Excel のセルに「=5^3/4^3」と入力すると $n=4$ のときのこの比率が得られる. 必要に応じて小数第 7 位を四捨五入した値を次の表に入れよ.

n	1	2	4	10	1000
比率					

$\displaystyle\lim_{n\to\infty}\frac{(n+1)^3}{n^3}=1$ が分かる. さらに, $n\geqq 4$ のとき $0<\dfrac{(n+1)^3}{n^3}<2$ である.

これを利用して, $\displaystyle\lim_{n\to\infty}\frac{n^3}{3^n}$ を求めよ.

問題 2-5

$r > 1$ を満たす実数 r に対して，$\lim_{n \to \infty} \dfrac{n}{r^n} = 0$ である (n は自然数). 前問の補足にあるように，二項定理を用いて証明してみる.

$r = 1 + h \, (h > 0)$ とおくことができる. $n \geqq 2$ のとき，

$$
\begin{aligned}
r^n &= (1+h)^n \\
&= 1 + {}_nC_1 \cdot h + {}_nC_2 \cdot h^2 + \cdots + h^n \\
&\geqq {}_nC_2 \cdot h^2 = \frac{n(n-1)}{2 \cdot 1} \cdot h^2 \\
&\geqq \frac{h^2(n-1)^2}{2}
\end{aligned}
$$

が成り立ち，$0 < \dfrac{n}{r^n} \leqq \dfrac{2n}{h^2(n-1)^2}$ が成り立つ. $\lim_{n \to \infty} \dfrac{2n}{h^2(n-1)^2} = 0$ であるから，はさみうちの原理より，$\lim_{n \to \infty} \dfrac{n}{r^n} = 0$ である.

これを用いて，$\lim_{n \to \infty} \dfrac{n^{100}}{2^n} = 0$ を示すことができる (はさみうちの原理を用いずに). その方法を考えたい.

(1) $\lim_{n \to \infty} \left(\dfrac{n+1}{n} \right)^{100}$ を求めよ.

(2) $r^{100} = 2$ となる正の実数 r を求めよ.

(3) $\lim_{n \to \infty} \dfrac{n^{100}}{2^n} = 0$ を示せ.

問題 2-6

$r > 1$ を満たす実数 r に対して，$\displaystyle\lim_{n \to \infty} \frac{n}{r^n} = 0$（$n$ は自然数）であることを前問で示した．本問でもこれを用いて，新たな極限を考えていきたい．

(1) $\displaystyle\lim_{n \to \infty} \frac{\sqrt{n}}{2^n}$ を求めたい．はさみうちの原理を用いる方法と，用いない方法を考えよ．

(2) $\displaystyle\lim_{n \to \infty} \frac{\log_2 n}{n}$ を考えたい．

　i) $n = 2^m$（$m = 1, 2, 3, \cdots\cdots$）のときの極限 $\displaystyle\lim_{m \to \infty} \frac{\log_2 2^m}{2^m}$ を求めよ．

　ii) 第 10 項を考えたい．$2^3 < 10 < 2^4$ である．$\dfrac{\log_2 10}{10}$ を，$\dfrac{\log_2 2^3}{2^3}$ を用いて評価せよ．つまり，$a \cdot \dfrac{\log_2 2^3}{2^3} < \dfrac{\log_2 10}{10} < b \cdot \dfrac{\log_2 2^3}{2^3}$ となるような正数 a, b を定めよ．

　iii) $2^m \le n < 2^{m+1}$ を満たす整数 m は，$m = [\log_2 n]$ と表すことができる．ここで，$[\ ]$ はガウス記号で，$[x]$ は x 以下の最大の整数を表す．$n \to \infty$ のとき $m \to \infty$ である．

　　これらを踏まえて，$\displaystyle\lim_{n \to \infty} \frac{\log_2 n}{n}$ を求めよ．

|問題 2-7|

ここまでさまざまな数列の "発散速度" を比較してきた.

　　　　対数, 平方根, 多項式で表されるもの, 等比数列, 階乗

の順に速くなることは確認できた. 他にも, 例えば n^n は階乗よりも速い.

これらをうまく組み合わせて, 収束する数列が作れることが知られて

いる. 例えば, $\displaystyle\lim_{n\to\infty}\frac{(n!)^2 2^{2n}}{(2n)!\sqrt{n}}$ である. 収束するようには見えない数列だ

が, Excel を使うと, 収束の様子が見えてくる. 例えば, Excel のセルに

「=(FACT(3))^2*2^(2*3)/(FACT(2*3)*SQRT(3))」と入力すると第 3 項が得

られる. 必要に応じて小数第 7 位を四捨五入した値を次の表に入れよ.

n	2	10	20	50	80
第 n 項					

(1)　複雑な計算であるため, あまり n が大きくなると Excel では計算で

きないようであるが, 1.7724 くらいの値に収束することが知られている.

これは, ある有名な数の平方根である. その数を推測せよ (証明は, 高

校範囲では少し高度なものになるので, 本書では行わない).

(2)　同じく複雑なもので収束が知られている数列がある.

$$a_n = \frac{n!e^n}{\sqrt{n}\,n^n} \ (n=1, 2, 3, \cdots\cdots)$$

で定められた数列 $\{a_n\}$ は収束し, $\displaystyle\lim_{n\to\infty}a_n = \alpha$ (α は実数) とおくことが

できる. 本問では, これを認めて良いものとする. すると, もちろん,

$\{a_{2n}\}$ も α に収束する. (1)の結果を用いて, α の値を求めよ.

また, Excel のセルに「=FACT(3)*EXP(3)/3^(3+1/2)」と入力すると

a_3 が得られる. 必要に応じて小数第 7 位を四捨五入した値を次の表に

入れよ.

n	2	10	50	100	140
a_n					

問題 2-8

$\theta > 0$ において $\sin\theta < \theta < \tan\theta$ が成り立つことを利用して，極限の公式 $\displaystyle\lim_{\theta\to 0}\frac{\sin\theta}{\theta}=1$ を導いた．θ が 0 に近い正の数であるときの三角関数の値が次の表のように与えられている．

θ	$\sin\theta$	$\cos\theta$	$\tan\theta$
1°	0.0175	0.9998	0.0175
2°	0.0349	0.9994	0.0349
3°	0.0523	0.9986	0.0524
4°	0.0698	0.9976	0.0699
5°	0.0872	0.9962	0.0875

(1) 表の数値を利用して $\dfrac{\sin\theta}{\theta}$ を計算すると

$$\frac{0.0872}{5}=0.01744, \quad \frac{0.0698}{4}=0.01745$$

$$\frac{0.0523}{3}=0.017433\cdots\cdots, \quad \frac{0.0349}{2}=0.01745, \quad \frac{0.0175}{1}=0.0175$$

となり，1 に近づくようには思えない．これらの数値は何の近似値になっているかを答えよ．

(2) 三角関数の表に書かれた数値は，小数第 5 位を四捨五入して得られたものである．そのことを踏まえると，表にある 1°，2° の $\sin\theta$，$\tan\theta$ の値から，円周率 π の値の評価

$$3.141 < \pi < 3.1455$$

が得られる．これを導け．

問題 2-9

無限数列 $\{a_n\}$ において，n を限りなく大きくするとき，a_n が一定の値 α に限りなく近づくとする．用語の使い方について，この状況を表すものとして適当なものを ⓪〜②，③〜⑤，⑥〜⑦，⑧〜⑨から1つずつ選べ．

⓪　a_n は α に収束する　　　　　① 　$\{a_n\}$ は α に収束する

②　$\displaystyle\lim_{n\to\infty} a_n$ は α に収束する

③　a_n の極限は α である　　　　④　$\{a_n\}$ の極限は α である

⑤　$\displaystyle\lim_{n\to\infty} a_n$ の極限は α である

⑥　$\displaystyle\lim_{n\to\infty} a_n = \alpha$　　　　　　⑦　$\displaystyle\lim_{n\to\infty} a_n \to \alpha$

⑧　$n\to\infty$ のとき $a_n \to \alpha$　　　⑨　$n\to\infty$ のとき $\{a_n\} \to \alpha$

問題 2-10

数列 $\{a_n\}$，$\{b_n\}$ が収束し，$\displaystyle\lim_{n\to\infty} a_n = \alpha$，$\displaystyle\lim_{n\to\infty} b_n = \beta$ とすると，

$$\lim_{n\to\infty}(a_n + b_n) = \alpha + \beta$$

である．つまり，収束する数列の和で表される数列 $\{a_n + b_n\}$ は収束し，極限値は，極限値の和 $\alpha + \beta$ である．収束することが分かっているときには

$$\lim_{n\to\infty}(a_n + b_n) = \lim_{n\to\infty} a_n + \lim_{n\to\infty} b_n$$

と書くことが許される．

　これを踏まえて，以下の記述が正しいかどうか考察せよ．正しくない場合は，正しい記述に改めよ．

（1）　$\displaystyle\lim_{n\to\infty}(n^2 + 2^n)$ を求める．

$$\lim_{n\to\infty}(n^2 + 2^n) = \lim_{n\to\infty} n^2 + \lim_{n\to\infty} 2^n = \infty + \infty = \infty$$

（2）　$\displaystyle\lim_{n\to\infty} \frac{1 + 2 + \cdots\cdots + n}{n^2}$ を求める．

$$\lim_{n\to\infty} \frac{1}{n^2} = \lim_{n\to\infty} \frac{2}{n^2} = \cdots\cdots = \lim_{n\to\infty} \frac{n}{n^2} = 0$$

$$\therefore\quad \lim_{n\to\infty} \frac{1 + 2 + \cdots\cdots + n}{n^2} = \lim_{n\to\infty} \frac{1}{n^2} + \lim_{n\to\infty} \frac{2}{n^2} + \cdots\cdots + \lim_{n\to\infty} \frac{n}{n^2}$$

$$= 0 + 0 + \cdots\cdots + 0 = 0$$

問題 2-11

　数列 $\{a_n\}$ が実数 α に収束するとは，「n を限りなく大きくするとき，a_n が一定の値 α に限りなく近づく」ことである．例えば，$\displaystyle\lim_{n\to\infty}\frac{1}{n^2}=0$ であるが，$n>100$ のときつねに $0<\dfrac{1}{n^2}<0.0001$ である．このように，「十分大きい n」の値だけを考えると，a_n の値はすべて実数 α に十分「近い」ことが保証される．「近い」を表す不等式を任意に設定すると，「十分大きい」がどのくらいなのかが決まることになる．

　数列 $\{a_n\}$, $\{b_n\}$ の極限が $\displaystyle\lim_{n\to\infty}a_n=2$, $\displaystyle\lim_{n\to\infty}b_n=\infty$ であるとする．

　十分大きい n についてつねに $a_n>1$ であることが保証される．これを利用して，$\displaystyle\lim_{n\to\infty}(a_n+b_n)$, $\displaystyle\lim_{n\to\infty}a_n b_n$ を求めよ．

問題 2-12

　数列 $\{a_n\}$ はすべての項が整数で，$a_n<a_{n+1}$ $(n=1,\ 2,\ 3,\ \cdots\cdots)$ が成り立つという．$\displaystyle\lim_{n\to\infty}a_n$ を求めよ．

問題 2-13

　数列 $\{a_n\}$ において $\displaystyle\lim_{n\to\infty}n(a_n-1)=1$ であるという．a_n-1 に，限りなく大きくなる n をかけたものが収束しているから，$\{a_n-1\}$ は 0 に収束するのではないかと考えられる．つまり，$\displaystyle\lim_{n\to\infty}a_n=1$ ではないかと考えられる．この考えが正しいことを証明せよ．

問題 2-14

　極限について述べた以下の文は正しいか．正しいものは証明せよ．間違っているものは反例を挙げよ．ここで α, β は実数である．

(1)　$\displaystyle\lim_{n\to\infty}a_n=\infty$, $\displaystyle\lim_{n\to\infty}b_n=\infty$ のとき，$\displaystyle\lim_{n\to\infty}\frac{a_n}{b_n}=1$

(2)　$a_n<b_n$ $(n=1,\ 2,\ 3,\ \cdots\cdots)$, $\displaystyle\lim_{n\to\infty}a_n=\alpha$, $\displaystyle\lim_{n\to\infty}b_n=\beta$ のとき，$\alpha<\beta$

(3)　$\displaystyle\lim_{n\to\infty}a_n=1$, $\displaystyle\lim_{n\to\infty}(b_n-a_n)=2$ のとき，$\displaystyle\lim_{n\to\infty}b_n=3$

問題 2-15

α, β を実数として，数列 $\{a_n\}$, $\{b_n\}$ において $\lim_{n\to\infty} a_n = \alpha$, $\lim_{n\to\infty} b_n = \beta$ であるとする（つまり，収束して，極限値がそれぞれ α, β）．このとき，

$$\lim_{n\to\infty}(a_n \pm b_n) = \alpha \pm \beta, \quad \lim_{n\to\infty} a_n b_n = \alpha\beta, \quad \lim_{n\to\infty}\frac{a_n}{b_n} = \frac{\alpha}{\beta}$$

である（ただし，最後の「商」では $\beta \neq 0$ とする）．また，連続関数 $f(x)$ が与えられたとき，

$$\lim_{n\to\infty} f(a_n) = f(\alpha)$$

である（ただし，$f(a_n)$, $f(\alpha)$ が定義されるとき）．

$a_n > 0$ であるとき，数列 $\{(a_n)^{b_n}\}$ を定義することができる．しかし，

$$\lim_{n\to\infty}\left((a_n)^{b_n}\right) = \alpha^\beta$$

であるとは限らない．特に $\alpha = \beta = 0$ であるときは，0^0 という意味をなさない表記となってしまう（$0^0 = 1$ と定めることもある）．

（1）　$a_n = 2 + \dfrac{1}{n}$, $b_n = 3 - \dfrac{1}{n}$（$n = 1, 2, 3, \cdots\cdots$）であるとき，$\alpha = 2$, $\beta = 3$ である．$a_n > 0$（$n = 1, 2, 3, \cdots\cdots$）であるから，数列 $\{\log(a_n)^{b_n}\}$ を考えることができる．この数列の極限を利用して，$\lim_{n\to\infty}\left((a_n)^{b_n}\right)$ を求めよ．その際，上記の四則演算，連続性のどれを利用しているかを考察せよ．

（2）　$\alpha = \beta = 0$ である数列 $\{a_n\}$, $\{b_n\}$ であって，極限値 $\lim_{n\to\infty}\left((a_n)^{b_n}\right)$ が $0, 1, 2, \infty$ となるような例をそれぞれ挙げよ．

問題 2-16

数列 $\{a_n\}$ が収束し，$\displaystyle\lim_{n\to\infty}a_n=\alpha$ であるとすると，数列 $\{a_n\}$ の一部であるような数列も同じ極限に収束する．例えば，以下が成り立つ．

$$\lim_{n\to\infty}a_{n+1}=\lim_{n\to\infty}a_{2n}=\lim_{n\to\infty}a_{2n-1}=\lim_{n\to\infty}a_{n^2}=\alpha$$

(1) $$a_{n+1}=\frac{1}{2}a_n+3\ (n=1,\ 2,\ 3,\ \cdots\cdots)$$

により数列 $\{a_n\}$ を定めると，初項がどんな実数であっても $\{a_n\}$ は収束する．一般項を求めずに，数列 $\{a_n\}$ の極限値 α を求めよ．

(2) 収束する数列 $\{a_n\}$ において $\displaystyle\lim_{n\to\infty}a_{2n}=\alpha$ であれば，$\displaystyle\lim_{n\to\infty}a_n=\alpha$ である．

数列 $\{a_n\}$ で，$\displaystyle\lim_{n\to\infty}a_{2n}=1$ であるが，「$\displaystyle\lim_{n\to\infty}a_n=1$ ではない」ようなものを考える．そのような例を 1 つ挙げ，$\displaystyle\lim_{n\to\infty}a_n$ がどうなるか答えよ．

(3) 数列 $\{a_n\}$ の初項から第 n 項までの和を $S_n\ (n=1,\ 2,\ 3,\ \cdots\cdots)$ とおく．数列 $\{S_n\}$ が収束するとき，$\{a_n\}$ は収束することを示し，$\displaystyle\lim_{n\to\infty}a_n$ を求めよ．

(4) 数列 $\{a_n\}$ の初項から第 n 項までの積を $P_n\ (n=1,\ 2,\ 3,\ \cdots\cdots)$ とおく．数列 $\{P_n\}$ が 0 でない実数 P に収束するとする．このとき，$\{a_n\}$ は収束することを示し，$\displaystyle\lim_{n\to\infty}a_n$ を求めよ．

問題 2-17

数列 $\{a_n\}$ の初項から第 n 項までの和を S_n とし，数列 $\{b_n\}$ の初項から第 n 項までの積を P_n とする（$n=1,\ 2,\ 3,\ \cdots\cdots$）．

(1) $\displaystyle\lim_{n\to\infty}a_n=0$, $\displaystyle\lim_{n\to\infty}S_n=\infty$ となる数列 $\{a_n\}$ の例を 1 つ挙げよ．

(2) $\displaystyle\lim_{n\to\infty}b_n=1$, $\displaystyle\lim_{n\to\infty}P_n=\infty$ となる数列 $\{b_n\}$ の例を 1 つ挙げよ．

(3) $\displaystyle\lim_{n\to\infty}b_n=\infty$, $\displaystyle\lim_{n\to\infty}P_n=0$ となる数列 $\{b_n\}$ の例を 1 つ挙げよ．

　実数 a, r について，初項が a で公比が r の無限等比級数 $\displaystyle\sum_{n=1}^{\infty} a \cdot r^{n-1}$ が収束する条件は，「$a=0$ または $-1<r<1$」である．和は，$a=0$ のときは 0 であり，それ以外のときは $\dfrac{a}{1-r}$ である．

　$\dfrac{a}{1-r}$ に $a=0$ を代入すると 0 になるから，まとめて和の公式を $\dfrac{a}{1-r}$ とすれば良いのではないか，と考えることもできそうである．しかし，そうなっていないのには理由があるはずである．

　次の問題に対する誤答例を挙げる．不適当なところを指摘し，訂正せよ．

問　$0 \leqq \theta < 2\pi$ を満たす実数 θ について，無限級数 $\displaystyle\sum_{n=1}^{\infty} \sin\theta \cdot (\cos\theta)^{n-1}$ は収束することを示し，その和を求めよ．

解答　初項が $\sin\theta$ で公比が $\cos\theta$ である．$\theta=0$, π のときは初項が 0 であり，それ以外のときは公比について $-1<\cos\theta<1$ が成り立つ．

　よって，すべての θ において収束する．和は $\dfrac{\sin\theta}{1-\cos\theta}$ である．

問題 2-19

a を実数とする．関数 $f(x)$ の $x \to a$ のときの極限が存在するのは，「変数 x が a と異なる値をとりながら a に限りなく近づくとき，$f(x)$ の値が

・一定の値 α に限りなく近づく

・限りなく大きくなる

・負で，絶対値が限りなく大きくなる

のいずれかのとき」である．近づけ方によらず決まることが重要である．

$x > a$（$x < a$）を満たしながら近づくときの極限が右側（左側）極限である．これらが存在するときは，これらが一致することで極限の存在が確定する．片側極限を考えることは重要であるが，近づけ方は他にもあり，片側極限すら存在しないこともある．そのような例を考えてみよう．

関数 $f(x)$ を以下で定める：

$$f(x) = 1 \ (x \text{ が有理数のとき})$$
$$f(x) = 0 \ (x \text{ が無理数のとき})$$

このとき，極限 $\lim_{x \to 0} f(x)$ は存在しない．その理由を説明せよ．

問題 2-20

関数の連続性に関して，以下の問いに答えよ．

（1） 関数 $f(x) = \dfrac{1}{x}$ は $x = 0$ において連続であるか，考察せよ．

（2） 中間値の定理：

> 関数 $f(x)$ が閉区間 $[a, b]$ で連続で，$f(a) \neq f(b)$ ならば，$f(a)$ と $f(b)$ の間の任意の値 k に対して，$f(c) = k$ を満たす c が，a と b の間に少なくとも 1 つ存在する

について考える．ここで，「間」というときは，「端」は含めていない．

以下の問いについて，考察せよ．成り立たないなら，その例を挙げよ．

ⅰ） 定理は，「閉区間 $[a, b]$」を「開区間 (a, b)」に変えても成り立つか？
　　　ただし，$f(x)$ は $x = a, b$ でも定義されているものとする．

ⅱ） 定理は，k として $f(a)$ を採用しても成り立つか？

[問題 2-21]

次の問と解答を読み，続く設問に答えよ．

問　自然数 n に対し，$\sin x = \dfrac{1}{n}x^2$（$0 < x < \pi$）を満たす x を x_n と定める（凸性により，x_n は 1 つに決まる）．数列 $\{x_n\}$ の極限 $\displaystyle\lim_{n \to \infty} x_n$ を求めよ．

解答　　　　$\sin x_n = \dfrac{1}{n}(x_n)^2$（$0 < x_n < \pi$）　……　①

$\therefore$　$0 < \sin x_n < \dfrac{\pi^2}{n}$（$n = 1,\ 2,\ 3,\ \cdots\cdots$）　……　②

$\displaystyle\lim_{n \to \infty}\dfrac{\pi^2}{n} = 0$　……　③

はさみうちの原理より

$\displaystyle\lim_{n \to \infty}\sin x_n = 0$　……　④

$\therefore$　$\displaystyle\lim_{n \to \infty} x_n = 0$ または π　……　⑤

十分大きい n について $\dfrac{1}{n}\left(\dfrac{\pi}{2}\right)^2 < 1$ であるから，　……　⑥

$\dfrac{\pi}{2} < x_n < \pi$　……　⑦

よって，$\displaystyle\lim_{n \to \infty} x_n = \pi$

（1）　$\displaystyle\lim_{n \to \infty} x_n = \pi$ は正しいが，論証には誤りが含まれている．式①〜⑦のうち，削除することで誤りが無くなる行の番号を答えよ．

（2）　次の論証について考察し，誤りがあるなら指摘せよ．

---

④において，$\displaystyle\lim_{n \to \infty} x_n = 0$ とすると，$\displaystyle\lim_{n \to \infty}\dfrac{\sin x_n}{x_n} = 1$ である．しかし，

上記の①より $\displaystyle\lim_{n \to \infty}\dfrac{\sin x_n}{x_n} = \lim_{n \to \infty}\dfrac{x_n}{n} = 0$ で，先述と矛盾する．

よって，「$\displaystyle\lim_{n \to \infty} x_n = 0$」は誤りで，$\displaystyle\lim_{n \to \infty} x_n = \pi$ である．

問題 2-1

$a_n = 2^{\frac{1}{n}}$ ($n = 1, 2, 3, \cdots\cdots$) で表される数列 $\{a_n\}$ について極限 $\lim\limits_{n\to\infty} a_n$ を考えたい．例えば，Excel のセルに「=2^(1/3)」と入力すると a_3 が得られる．必要に応じて小数第 7 位を四捨五入した値を次の表に入れよ．

n	2	10	100	1000	10000
a_n					

これを見ると，$\{a_n\}$ の極限を予想することができる．しかし，論証としては不十分である．

数列 $\{b_n\}$ を $b_n = \log a_n$ ($n = 1, 2, 3, \cdots\cdots$) によって定める．$\lim\limits_{n\to\infty} b_n$ を求め，それを利用して $\lim\limits_{n\to\infty} a_n$ を求めよ．

また，$\lim\limits_{n\to\infty} \left(\dfrac{1}{2}\right)^{\frac{1}{n}}$ を求めよ．

【ヒント】

「n を限りなく大きくするとどうなるか？」を考えるのが極限である．「n をある程度大きくするとどうなるか？」を考えると，極限の様子が見えてくる．もちろん，それだけでは論証にならないことを注意しておく．

対数関数は連続で，逆関数の指数関数も連続である．$a_n = e^{b_n}$ であるから，$\{b_n\}$ の極限を利用して $\{a_n\}$ の極限を考えることができる．

最後の極限は $\{a_n\}$ の極限とどういう関係があるだろう？

この観点がなかった人は，改めて考えてみよう！

【解答・解説】

n	2	10	100	1000	10000
a_n	1. 414214	1. 071773	1. 006956	1. 000693	1. 000069

$$b_n = \frac{\log 2}{n} \qquad \therefore \lim_{n\to\infty} b_n = 0$$

である．これと，指数関数 $y = e^x$ の $x = 0$ における連続性から，

$$\lim_{n \to \infty} a_n = \lim_{n \to \infty} e^{b_n} = e^0 = 1$$

である．さらに，

$$\lim_{n \to \infty} \left(\frac{1}{2} \right)^{\frac{1}{n}} = \lim_{n \to \infty} \frac{1}{2^{\frac{1}{n}}} = \lim_{n \to \infty} \frac{1}{a_n} = \frac{1}{1} = 1$$

である．

■

※　正の数 a に対して $\lim_{n \to \infty} a^{\frac{1}{n}} = 1$ である．

　1つの極限から多くの極限が導かれることを見ておこう．例えば，本問の $\lim_{n \to \infty} a_n = 1$ を用いて $\lim_{n \to \infty} a^{\frac{1}{n}} = 1$ を導くことができる．

$$a = 2^{\log_2 a}$$

であるから，

$$\lim_{n \to \infty} a^{\frac{1}{n}} = \lim_{n \to \infty} \left(2^{\frac{1}{n}} \right)^{\log_2 a} = 1^{\log_2 a} = 1$$

である．

※　以後の問題では，「指数関数の連続性」については言及しないことにする．わざわざ「収束するものの有限和で表されるものは収束するから」などと書かないこととのバランスをとる．

$\displaystyle\lim_{n\to\infty}n^{\frac{1}{n}}=1$ について考えたい (n は自然数).

例えば，Excel のセルに「=3^(1/3)」と入力すると第 3 項が得られる. 必要に応じて小数第 7 位を四捨五入した値を次の表に入れよ.

n	2	10	100	1000	10000
第 n 項					

(1) 前問の補足で，正の数 a に対して $\displaystyle\lim_{n\to\infty}a^{\frac{1}{n}}=1$ であることを確認した.

『 a は何でも良いのだから，n に変えて $\displaystyle\lim_{n\to\infty}n^{\frac{1}{n}}=1$ を導くことはできる』

と言えるだろうか？これについて，理由も添えて可否を述べよ.

(2) 前問のように対数をとって，極限 $\displaystyle\lim_{n\to\infty}\frac{\log_2 n}{n}$ を考える.

例えば，Excel のセルに「=LOG(3, 2)/3」と入力すると第 3 項が得られる. 必要に応じて小数第 7 位を四捨五入した値を次の表に入れよ.

n	2	10	100	1000	10000
第 n 項					

$\displaystyle\lim_{n\to\infty}\frac{\log_2 n}{n}=0$ であることを既知として，$\displaystyle\lim_{n\to\infty}n^{\frac{1}{n}}$ を求めよ.

※ $\displaystyle\lim_{n\to\infty}\frac{\log_2 n}{n}$ の計算 (上下ともに限りなく大きくなり，その発散速度を比較するもの) は，別の問題で考える. ここでは，Excel を用いてそれを実感できたことでいったん納得しておこう.

【ヒント】

(1) は，具体的に数列として数を並べると，可否は判断できる.

(2) は，前問と同じように考えると良い.

この観点がなかった人は，改めて考えてみよう！

【解答・解説】

n	2	10	100	1000	10000
第 n 項	1.414214	1.258925	1.047129	1.006932	1.000921

（1） a が任意だからといって，定数 a を変数 n に変えることはできない.

2つの数列

$$a^{\frac{1}{1}},\ a^{\frac{1}{2}},\ a^{\frac{1}{3}},\ a^{\frac{1}{4}},\ \cdots\cdots$$

$$1^{\frac{1}{1}},\ 2^{\frac{1}{2}},\ 3^{\frac{1}{3}},\ 4^{\frac{1}{4}},\ \cdots\cdots$$

の違いを確認すれば分かる.

（2）

n	2	10	100	1000	10000
第 n 項	0.5	0.332193	0.066439	0.009966	0.001329

$\displaystyle\lim_{n\to\infty}\frac{\log_2 n}{n}=0$ を既知とすると，

$$\lim_{n\to\infty} n^{\frac{1}{n}}=\lim_{n\to\infty} 2^{\frac{\log_2 n}{n}}=2^0=1$$

である.

■

※　指数に変数が含まれていて処理に困るとき，対数をとって考えること
は大事である. 後ほど，別の問題でも扱う.

$\lim\limits_{n\to\infty}\dfrac{3^n}{n!}$ について考えたい (n は自然数).

例えば, Excel のセルに「=3^2/FACT(2)」と入力すると第 2 項が得られる. 必要に応じて小数第 7 位を四捨五入した値を次の表に入れよ.

n	2	5	7	10	15
第 n 項					

第 20 項は 0.0000000014 ……である. 収束して極限値は 0 であると予想できる. 分母, 分子ともどこまでも大きくなるが, そのペースが違うのである. その比較のために次の表を埋めよ.

n	6	7	8	9	10
分子					
分母					

分子は, n が 1 変化すると 3 倍される. 分母は, 倍率が変化している. n が大きいほど掛ける数が大きくなり, 途中からは 4 以上の数 (3 より大) ばかりを掛けている. これが, 分母と分子の発散するペースの違いの評価につながる. つまり, 以下のように考えられる.

$n \geqq 4$ のとき, 分母は

$$n! = 1 \cdot 2 \cdot 3 \cdot 4 \cdot 5 \cdot 6 \cdot 7 \cdot 8 \cdot \cdots\cdots \cdot n$$
$$\geqq 1 \cdot 2 \cdot 3 \cdot 4 \cdot 4 \cdot 4 \cdot 4 \cdot 4 \cdot \cdots\cdots \cdot 4$$
$$\geqq 3! \cdot 4^{n-3}$$

を満たす.

これを利用して, $\lim\limits_{n\to\infty}\dfrac{3^n}{n!}$ を求めよ.

【ヒント】

通常の極限の性質では収束を証明できないときは, 不等式を利用して間接的に収束を証明する. そのために使うのが, はさみうちの原理である.

この観点がなかった人は, 改めて考えてみよう!

【解答・解説】

n	2	5	7	10	15
第 n 項	4.5	2.025	0.433929	0.016272	0.000011

n	6	7	8	9	10
分子	729	2187	6561	19683	59049
分母	720	5040	40320	362880	3628800

$n \geqq 4$ において,

$$n! \geqq 3! \cdot 4^{n-3}$$

が成り立つから,

$$0 < \frac{3^n}{n!} \leqq \frac{3^n}{3! \cdot 4^{n-3}}$$

が成り立つ.

$$\lim_{n \to \infty} \frac{3^n}{3! \cdot 4^{n-3}} = \lim_{n \to \infty} \frac{4^3}{3!} \left(\frac{3}{4} \right)^n = 0$$

であるから, はさみうちの原理より $\lim_{n \to \infty} \dfrac{3^n}{n!} = 0$ である.

■

※ 階乗の "発散速度" は, いかなる等比数列の "発散速度" よりも速い. その比は "∞" 倍と言えるほどである. 3^n との比較を分かりやすくするために, 階乗を 4^n を用いた不等式で "評価" した. 「分母, 分子のそれぞれは, n が 1 変化すると何倍されるか?」という観点で見ると良い.

$\displaystyle\lim_{n\to\infty}\frac{n^3}{3^n}$ について考えたい (n は自然数).

分母は, n が 1 増えると 3 倍される.

分子はどうだろうか？比率 $\dfrac{(n+1)^3}{n^3}$ を求めてみよう. 例えば, Excel の

セルに「=5^3/4^3」と入力すると $n=4$ のときのこの比率が得られる. 必要に応じて小数第 7 位を四捨五入した値を次の表に入れよ.

n	1	2	4	10	1000
比率					

$\displaystyle\lim_{n\to\infty}\frac{(n+1)^3}{n^3}=1$ が分かる. さらに, $n\geqq 4$ のとき $0<\dfrac{(n+1)^3}{n^3}<2$ である.

これを利用して, $\displaystyle\lim_{n\to\infty}\frac{n^3}{3^n}$ を求めよ.

【ヒント】

前問と同じように, 比率の不等式を利用してはさみうちの原理を用いることのできる不等式を作ってみよ.

この観点がなかった人は, 改めて考えてみよう！

【解答・解説】

n	1	2	4	10	1000
比率	8	3.375	1.953125	1.331000	1.003003

$n\geqq 5$ のとき,

$$n^3 = 4^3 \cdot \left(\frac{5}{4}\right)^3 \cdot \left(\frac{6}{5}\right)^3 \cdot \left(\frac{7}{6}\right)^3 \cdots\cdots \cdot \left(\frac{n}{n-1}\right)^3$$
$$\leqq 4^3 \cdot 2 \cdot 2 \cdot 2 \cdots\cdots 2 = 4^3 \cdot 2^{n-4}$$
$$= 4 \cdot 2^n$$

が成り立つから,

$$0 < \frac{n^3}{3^n} \le \frac{4 \cdot 2^n}{3^n}$$

が成り立つ.

$$\lim_{n \to \infty} \frac{4 \cdot 2^n}{3^n} = \lim_{n \to \infty} 4\left(\frac{2}{3}\right)^n = 0$$

であるから,はさみうちの原理より $\lim_{n \to \infty} \dfrac{n^3}{3^n} = 0$ である.

∎

※　本問では,分母が等比数列であることに注目し,分子を等比数列によって評価した.

よくある誘導は,分母が分子よりも"発散速度"が速いことを示す方向で考えるものである.つまり,分子が n の 3 次式であるから,分母が n の 4 次式よりも大きいことを示す.それに用いられるのが,二項定理である.

$n \ge 5$ のとき,二項定理から

$$
\begin{aligned}
3^n &= (1+2)^n \\
&= 1 + {}_n\mathrm{C}_1 \cdot 2 + {}_n\mathrm{C}_2 \cdot 2^2 + {}_n\mathrm{C}_3 \cdot 2^3 + {}_n\mathrm{C}_4 \cdot 2^4 + \cdots\cdots + 2^n \\
&\ge {}_n\mathrm{C}_4 \cdot 2^4 = \frac{n(n-1)(n-2)(n-3)}{4 \cdot 3 \cdot 2 \cdot 1} \cdot 2^4 \\
&\ge \frac{2(n-3)^4}{3}
\end{aligned}
$$

が成り立つことが分かる.このとき,

$$0 < \frac{n^3}{3^n} \le \frac{3n^3}{2(n-3)^4}$$

が成り立ち,$\lim_{n \to \infty} \dfrac{3n^3}{2(n-3)^4} = 0$ である.

はさみうちの原理より,$\lim_{n \to \infty} \dfrac{n^3}{3^n} = 0$ である.

$r > 1$ を満たす実数 r に対して, $\displaystyle\lim_{n \to \infty} \frac{n}{r^n} = 0$ である (n は自然数). 前問の補足にあるように, 二項定理を用いて証明してみる.

$r = 1 + h\,(h > 0)$ とおくことができる. $n \geqq 2$ のとき,

$$
\begin{aligned}
r^n &= (1+h)^n \\
&= 1 + {}_n\mathrm{C}_1 \cdot h + {}_n\mathrm{C}_2 \cdot h^2 + \cdots\cdots + h^n \\
&\geqq {}_n\mathrm{C}_2 \cdot h^2 = \frac{n(n-1)}{2 \cdot 1} \cdot h^2 \\
&\geqq \frac{h^2(n-1)^2}{2}
\end{aligned}
$$

が成り立ち, $0 < \dfrac{n}{r^n} \leqq \dfrac{2n}{h^2(n-1)^2}$ が成り立つ. $\displaystyle\lim_{n \to \infty} \frac{2n}{h^2(n-1)^2} = 0$ であるから, はさみうちの原理より, $\displaystyle\lim_{n \to \infty} \frac{n}{r^n} = 0$ である.

これを用いて, $\displaystyle\lim_{n \to \infty} \frac{n^{100}}{2^n} = 0$ を示すことができる (はさみうちの原理を用いずに). その方法を考えたい.

(1)　$\displaystyle\lim_{n \to \infty} \left(\frac{n+1}{n} \right)^{100}$ を求めよ.

(2)　$r^{100} = 2$ となる正の実数 r を求めよ.

(3)　$\displaystyle\lim_{n \to \infty} \frac{n^{100}}{2^n} = 0$ を示せ.

【ヒント】

　指数に n が含まれていないなら, 決まった回数 (100 回) 掛け算しているだけである. 100 乗の極限はすぐに分かる.

　(3) では, (1), (2) をヒントに, 用いて良いものの用い方を考えよう.
(1) では, 収束するものの 100 乗を考えた. (3) は何の 100 乗だろう?

　この観点がなかった人は, 改めて考えてみよう!

【解答・解説】

(1) 100 個の積になっているだけだから,

$$\lim_{n\to\infty}\frac{n+1}{n}=1$$

より,

$$\lim_{n\to\infty}\left(\frac{n+1}{n}\right)^{100}=1^{100}=1$$

である.

(2) 両辺の 100 乗根を考えて,

$$r=\sqrt[100]{2}$$

である.

(3) (2)の r について, $\displaystyle\lim_{n\to\infty}\frac{n}{r^n}=0$ から

$$\lim_{n\to\infty}\frac{n^{100}}{2^n}=\lim_{n\to\infty}\frac{n^{100}}{r^{100n}}=\lim_{n\to\infty}\left(\frac{n}{r^n}\right)^{100}=0^{100}=0$$

である.

∎

※ 既知のものを利用して,考えたいものの収束を証明する発想は重要である. $\displaystyle\lim_{n\to\infty}\frac{n}{r^n}=0$ は特に有用である. 次の問題でもこれの応用をやってみたい. **問題 2-2** では証明できなかった $\displaystyle\lim_{n\to\infty}\frac{\log_2 n}{n}=0$ を考えてみよう.

【問題2-6】

$r > 1$ を満たす実数 r に対して，$\displaystyle\lim_{n\to\infty}\frac{n}{r^n}=0$（$n$ は自然数）であることを前問で示した．本問でもこれを用いて，新たな極限を考えていきたい．

（1） $\displaystyle\lim_{n\to\infty}\frac{\sqrt{n}}{2^n}$ を求めたい．はさみうちの原理を用いる方法と，用いない方法を考えよ．

（2） $\displaystyle\lim_{n\to\infty}\frac{\log_2 n}{n}$ を考えたい．

ⅰ） $n = 2^m\ (m = 1,\ 2,\ 3,\ \cdots\cdots)$ のときの極限 $\displaystyle\lim_{m\to\infty}\frac{\log_2 2^m}{2^m}$ を求めよ．

ⅱ） 第 10 項を考えたい．$2^3 < 10 < 2^4$ である．$\dfrac{\log_2 10}{10}$ を，$\dfrac{\log_2 2^3}{2^3}$ を用いて評価せよ．つまり，$a\cdot\dfrac{\log_2 2^3}{2^3} < \dfrac{\log_2 10}{10} < b\cdot\dfrac{\log_2 2^3}{2^3}$ となるような正数 $a,\ b$ を定めよ．

ⅲ） $2^m \leqq n < 2^{m+1}$ を満たす整数 m は，$m = [\log_2 n]$ と表すことができる．ここで，$[\ ]$ はガウス記号で，$[x]$ は x 以下の最大の整数を表す．$n\to\infty$ のとき $m\to\infty$ である．

これらを踏まえて，$\displaystyle\lim_{n\to\infty}\frac{\log_2 n}{n}$ を求めよ．

【ヒント】

（1）は，大小関係を利用したら，はさみうちの原理を用いる証明になる．$y = \sqrt{x}$ の連続性を利用すると，はさみうちの原理を用いない証明になる．

（2）は，誘導に従って進めてみよう．ただし，ⅲ）では変数は n であり，m ではないことに注意して記述したい．

この観点がなかった人は，改めて考えてみよう！

52

【解答・解説】

(1)【はさみうちの原理を用いる】

自然数 n に対して, $\sqrt{n} \leqq n$ より, 以下が成り立つ.

$$0 < \frac{\sqrt{n}}{2^n} \leqq \frac{n}{2^n}$$

$\displaystyle\lim_{n\to\infty}\frac{n}{2^n}=0$ なので, はさみうちの原理より, $\displaystyle\lim_{n\to\infty}\frac{\sqrt{n}}{2^n}=0$ である.

【はさみうちの原理を用いない】

$$\lim_{n\to\infty}\frac{\sqrt{n}}{2^n}=\lim_{n\to\infty}\sqrt{\frac{n}{4^n}}$$

と変形する.

$\displaystyle\lim_{n\to\infty}\frac{n}{4^n}=0$ と, $y=\sqrt{x}$ の $x=0$ での連続性から $\displaystyle\lim_{n\to\infty}\frac{\sqrt{n}}{2^n}=0$ である.

(2) i) $\displaystyle\lim_{m\to\infty}\frac{\log_2 2^m}{2^m}=\lim_{m\to\infty}\frac{m}{2^m}=0$

ⅱ) $2^3 < 10 < 2^4$ であるから

$$\frac{\log_2 2^3}{2^4} < \frac{\log_2 10}{10} < \frac{\log_2 2^4}{2^3}$$

である. $\log_2 2^4 = 4\log_2 2 = \dfrac{4}{3}\log_2 2^3$ であるから,

$$\frac{1}{2}\cdot\frac{\log_2 2^3}{2^3} < \frac{\log_2 10}{10} < \frac{4}{3}\cdot\frac{\log_2 2^3}{2^3}$$

と評価できる.

ⅲ) $m=[\log_2 n]$ とおくと, $2^m \leqq n < 2^{m+1}$ であり,

$$\frac{\log_2 2^m}{2^{m+1}} < \frac{\log_2 n}{n} < \frac{\log_2 2^{m+1}}{2^m}$$

$$\frac{1}{2}\cdot\frac{\log_2 2^m}{2^m} < \frac{\log_2 n}{n} < \frac{m+1}{m}\cdot\frac{\log_2 2^m}{2^m}$$

が成り立つ. $\displaystyle\lim_{n\to\infty}\frac{1}{2}\cdot\frac{\log_2 2^m}{2^m}=0$, $\displaystyle\lim_{n\to\infty}\frac{m+1}{m}\cdot\frac{\log_2 2^m}{2^m}=0$ であるから,

はさみうちの原理より, $\displaystyle\lim_{n\to\infty}\frac{\log_2 n}{n}=0$ である.

■

ここまでさまざまな数列の"発散速度"を比較してきた.

　　　　　対数, 平方根, 多項式で表されるもの, 等比数列, 階乗

の順に速くなることは確認できた. 他にも, 例えば n^n は階乗よりも速い.

これらをうまく組み合わせて, 収束する数列が作れることが知られて

いる. 例えば, $\displaystyle\lim_{n\to\infty}\frac{(n!)^2 2^{2n}}{(2n)!\sqrt{n}}$ である. 収束するようには見えない数列だ

が, Excel を使うと, 収束の様子が見えてくる. 例えば, Excel のセルに

「=(FACT(3))^2*2^(2*3)/(FACT(2*3)*SQRT(3))」と入力すると第 3 項が得

られる. 必要に応じて小数第 7 位を四捨五入した値を次の表に入れよ.

n	2	10	20	50	80
第 n 項					

(1) 複雑な計算であるため, あまり n が大きくなると Excel では計算で

きないようであるが, 1.7724 くらいの値に収束することが知られている.

これは, ある有名な数の平方根である. その数を推測せよ (証明は, 高

校範囲では少し高度なものになるので, 本書では行わない).

(2) 同じく複雑なもので収束が知られている数列がある.

$$a_n = \frac{n! e^n}{\sqrt{n}\, n^n} \quad (n = 1,\ 2,\ 3,\ \cdots\cdots)$$

で定められた数列 $\{a_n\}$ は収束し, $\displaystyle\lim_{n\to\infty} a_n = \alpha$ (α は実数) とおくことが

できる. 本問では, これを認めて良いものとする. すると, もちろん,

$\{a_{2n}\}$ も α に収束する. (1) の結果を用いて, α の値を求めよ.

　　また, Excel のセルに「=FACT(3)*EXP(3)/3^(3+1/2)」と入力すると

a_3 が得られる. 必要に応じて小数第 7 位を四捨五入した値を次の表に

入れよ.

n	2	10	50	100	140
a_n					

【ヒント】

(2)では, (1)の項に含まれている $n!$, $(2n)!$ の部分を a_n, a_{2n} を用いて書き換えてみると良い. (1)の値が α を用いて表せるはずである.

この観点がなかった人は, 改めて考えてみよう!

【解答・解説】

n	2	10	20	50	80
第 n 項	1.885618	1.794739	1.783565	1.776890	1.775225

(1) $1.7724^2 = 3.14140176$

より, 円周率 π であると推定できる.

(2) (1)より, $\displaystyle\lim_{n\to\infty}\frac{(n!)^2 2^{2n}}{(2n)!\sqrt{n}}=\sqrt{\pi}$ である (証明はしない). 左辺に

$$n!=a_n n^n\sqrt{n}e^{-n}, \quad (2n)!=a_{2n}(2n)^{2n}\sqrt{2n}e^{-2n}$$

を代入して計算する.

$$\lim_{n\to\infty}\frac{(n!)^2 2^{2n}}{(2n)!\sqrt{n}}=\lim_{n\to\infty}\frac{(a_n n^n\sqrt{n}e^{-n})^2 2^{2n}}{(a_{2n}(2n)^{2n}\sqrt{2n}e^{-2n})\sqrt{n}}$$

$$=\lim_{n\to\infty}\frac{a_n^2 n^{2n+1}e^{-2n}2^{2n}}{a_{2n}2^{2n}n^{2n}\sqrt{2n}e^{-2n}}=\lim_{n\to\infty}\frac{a_n^2}{a_{2n}\sqrt{2}}$$

$$=\frac{\alpha^2}{\alpha\sqrt{2}}=\frac{\alpha}{\sqrt{2}}$$

である. この極限値が $\sqrt{\pi}$ と一致するから, $\alpha=\sqrt{2\pi}$ である.

n	2	10	50	100	140
a_n	2.612426	2.527597	2.510809	2.508718	2.508121

■

※ $\alpha = 2.5066282\cdots\cdots$ である. これも計算が煩雑で, あまり大きい n では計算できず, 誤差がそれなりに残っている.

(1)は Wallis (ウォリス) の公式, (2)は Stirling (スターリング) の公式と呼ばれている.

$\theta>0$ において $\sin\theta<\theta<\tan\theta$ が成り立つことを利用して，極限の公式 $\displaystyle\lim_{\theta\to0}\frac{\sin\theta}{\theta}=1$ を導いた．θ が 0 に近い正の数であるときの三角関数の値が次の表のように与えられている．

θ	$\sin\theta$	$\cos\theta$	$\tan\theta$
1°	0.0175	0.9998	0.0175
2°	0.0349	0.9994	0.0349
3°	0.0523	0.9986	0.0524
4°	0.0698	0.9976	0.0699
5°	0.0872	0.9962	0.0875

(1) 表の数値を利用して $\dfrac{\sin\theta}{\theta}$ を計算すると

$$\frac{0.0872}{5}=0.01744,\quad \frac{0.0698}{4}=0.01745$$
$$\frac{0.0523}{3}=0.017433\cdots\cdots,\quad \frac{0.0349}{2}=0.01745,\quad \frac{0.0175}{1}=0.0175$$

となり，1 に近づくようには思えない．これらの数値は何の近似値になっているかを答えよ．

(2) 三角関数の表に書かれた数値は，小数第 5 位を四捨五入して得られたものである．そのことを踏まえると，表にある 1°，2° の $\sin\theta$，$\tan\theta$ の値から，円周率 π の値の評価

$$3.141<\pi<3.1455$$

が得られる．これを導け．

【ヒント】

公式 $\displaystyle\lim_{\theta\to0}\frac{\sin\theta}{\theta}=1$ では，角は弧度法で考える．だから，$\sin\theta<\theta<\tan\theta$ が成り立つ．度数法を弧度法に変えると，この数値の意味が分かる．

三角関数の表において，$\sin1°$ と $\tan1°$ が同じ値になっている．このことからも，四捨五入されていることが分かる．

この観点がなかった人は，改めて考えてみよう！

【解答・解説】

(1)
$$\lim_{\theta \to 0} \frac{\sin \theta^\circ}{\theta} = \lim_{\theta \to 0} \frac{\sin \frac{\theta \pi}{180}}{\theta} = \lim_{\theta \to 0} \frac{\pi}{180} \cdot \frac{\sin \frac{\theta \pi}{180}}{\frac{\theta \pi}{180}} = \frac{\pi}{180}$$

である.

(2)　$\sin \theta < \theta < \tan \theta$ を用いる. つまり,

$$\sin 1^\circ < \frac{\pi}{180} < \tan 1^\circ, \ \sin 2^\circ < \frac{2\pi}{180} < \tan 2^\circ$$

である. 四捨五入を踏まえると

$$0.0175 - 0.00005 < \frac{\pi}{180} < 0.0175 + 0.00005$$

かつ

$$0.0349 - 0.00005 < \frac{2\pi}{180} < 0.0349 + 0.00005$$

が成り立つ.

$$3.141 < \pi < 3.159 \quad かつ \quad 3.1365 < \pi < 3.1455$$

∴　$3.141 < \pi < 3.1455$

が成り立つ.

■

※　実際,

$$\frac{\pi}{180} = 0.017453 \cdots\cdots$$

である. Excel のセルに「=PI()/180」と入力すると, この数値が得られる.

問題 2-9

無限数列 $\{a_n\}$ において，n を限りなく大きくするとき，a_n が一定の値 α に限りなく近づくとする．用語の使い方について，この状況を表すものとして適当なものを ⓪ ～ ②，③ ～ ⑤，⑥ ～ ⑦，⑧ ～ ⑨ から 1 つずつ選べ．

⓪ a_n は α に収束する
① $\{a_n\}$ は α に収束する

② $\displaystyle\lim_{n\to\infty} a_n$ は α に収束する

③ a_n の極限は α である
④ $\{a_n\}$ の極限は α である

⑤ $\displaystyle\lim_{n\to\infty} a_n$ の極限は α である

⑥ $\displaystyle\lim_{n\to\infty} a_n = \alpha$
⑦ $\displaystyle\lim_{n\to\infty} a_n \to \alpha$

⑧ $n \to \infty$ のとき $a_n \to \alpha$
⑨ $n \to \infty$ のとき $\{a_n\} \to \alpha$

【ヒント】

教科書の表記を確認し，その通りになっているものだけを選ぼう．

【解答・解説】

収束するのは，数列 $\{a_n\}$ であって，一般項 a_n や極限 $\displaystyle\lim_{n\to\infty} a_n$ ではない．正しい表記は①で，⓪，②は適当でない．

極限を考える対象も数列 $\{a_n\}$ であって，一般項 a_n や $\displaystyle\lim_{n\to\infty} a_n$ ではない．正しい表記は④で，③，⑤は適当でない．

極限値 α と極限 $\displaystyle\lim_{n\to\infty} a_n$ は等号で結ぶ．一般項と極限を結ぶのは $\to$ である．数列 $\{a_n\}$ と極限値 α を結ぶには，言葉で「数列 $\{a_n\}$ は α に収束する」あるいは「数列 $\{a_n\}$ の極限は α である」と書くしかない（「$\{a_n\}$ の極限値が α」ともいう）．正しい表記は⑥，⑧で，⑦，⑨は適当でない．

■

※　普段から細かく言葉の使い方に気を付ける必要はないが，正しい言い回しができるようにはしておきたい．

数列 $\{a_n\}$ において,極限 $\lim\limits_{n \to \infty} a_n$ が存在するのは,n を限りなく大きくするときに

　　① a_n が一定の値 α に限りなく近づく

　　② a_n が限りなく大きくなる

　　③ a_n が負で,その絶対値が限りなく大きくなる

のいずれかの場合である.③は,"十分大きい n で常に $a_n < 0$" ということで,例えば $a_1 > 0$ であっても構わない.

　極限は,①の場合のみ極限値という "数値" である.

　収束しないとき,数列は発散するという.

　　②数列 $\{a_n\}$ は正の無限大に発散

　　　$(\lim\limits_{n \to \infty} a_n = \infty,\ n \to \infty$ のとき $a_n \to \infty)$

　　③数列 $\{a_n\}$ は負の無限大に発散

　　　$(\lim\limits_{n \to \infty} a_n = -\infty,\ n \to \infty$ のとき $a_n \to -\infty)$

は,発散するが極限が存在するタイプの数列である.

　∞ や $-\infty$ は,「数列の項がどこまでも大きくなっていく」様子を象徴的に表す記号であって,数ではない.「$\lim\limits_{n \to \infty} n^2 = \infty$」といったカタマリで意味をなし,次のような書き方は不可である(2つの ∞ をつなげない!).

$$\lim\limits_{n \to \infty} n^2 = \infty = \lim\limits_{n \to \infty}(n^2 + 1),\ \lim\limits_{n \to \infty} n^2 = \lim\limits_{n \to \infty}(n^2 + 1) = \infty$$

　①〜③以外のタイプの発散する数列では,極限が存在しない.そのとき,「数列 $\{a_n\}$ は振動する」という.周期的に変化する数列もあれば,まったく法則性がなく並ぶ数列も振動する.$\lim\limits_{n \to \infty} a_n$ と書くことすら,認められない.

　$\lim\limits_{n \to \infty} a_n$ とあると,その数列の極限が存在することになる.特に,実数 α を用いて「$\lim\limits_{n \to \infty} a_n = \alpha$」とあれば,数列 $\{a_n\}$ は,極限をもつのみならず,収束して,しかも,極限値 α をもつことになる.極限値が α であることよりも,むしろ,「収束」の方が重要な情報である.極限値を求めるのは,計算問題ではなく,証明問題である!そのような意識をもっておきたい.

数列 $\{a_n\}$, $\{b_n\}$ が収束し, $\displaystyle\lim_{n\to\infty} a_n = \alpha$, $\displaystyle\lim_{n\to\infty} b_n = \beta$ とすると,

$$\lim_{n\to\infty}(a_n + b_n) = \alpha + \beta$$

である. つまり, 収束する数列の和で表される数列 $\{a_n + b_n\}$ は収束し, 極限値は, 極限値の和 $\alpha + \beta$ である. 収束することが分かっているときには

$$\lim_{n\to\infty}(a_n + b_n) = \lim_{n\to\infty} a_n + \lim_{n\to\infty} b_n$$

と書くことが許される.

これを踏まえて, 以下の記述が正しいかどうか考察せよ. 正しくない場合は, 正しい記述に改めよ.

(1) $\displaystyle\lim_{n\to\infty}(n^2 + 2^n)$ を求める.

$$\lim_{n\to\infty}(n^2 + 2^n) = \lim_{n\to\infty} n^2 + \lim_{n\to\infty} 2^n = \infty + \infty = \infty$$

(2) $\displaystyle\lim_{n\to\infty}\frac{1 + 2 + \cdots\cdots + n}{n^2}$ を求める.

$$\lim_{n\to\infty}\frac{1}{n^2} = \lim_{n\to\infty}\frac{2}{n^2} = \cdots\cdots = \lim_{n\to\infty}\frac{n}{n^2} = 0$$

$$\therefore \quad \lim_{n\to\infty}\frac{1 + 2 + \cdots\cdots + n}{n^2} = \lim_{n\to\infty}\frac{1}{n^2} + \lim_{n\to\infty}\frac{2}{n^2} + \cdots\cdots + \lim_{n\to\infty}\frac{n}{n^2}$$

$$= 0 + 0 + \cdots\cdots + 0 = 0$$

【ヒント】

(1)は, 発散する数列の和である. (2)は, n が大きくなると足す個数が増えている. このようなときに「収束の和は, 和に収束」が使えるのだろうか?

この観点がなかった人は, 改めて考えてみよう!

【解答・解説】

(1) 正しくない. 一般項が $n^2 + 2^n$ である数列 $\{n^2 + 2^n\}$ は正の ∞ に発散する. そのことだけを述べる (それ以外のことを書かない).

$$\lim_{n\to\infty}(n^2 + 2^n) = \infty$$

(2)　正しくない．足す個数が決まっている場合，和で表される数列は，足
　　　されるものがすべて収束するとき収束し，極限値は，極限値の和である．

　　　個数が限りなく大きくなる $\displaystyle\lim_{n\to\infty}\frac{1+2+\cdots\cdots+n}{n^2}$ においては，足されるも

　　　のが収束しても，総和が収束するとは限らないし，収束しても極限値の

　　　和になるかどうか分からない．

$$\lim_{n\to\infty}\frac{1+2+\cdots\cdots+n}{n^2}=\lim_{n\to\infty}\frac{1}{n^2}\cdot\frac{n(n+1)}{2}$$
$$=\lim_{n\to\infty}\frac{1}{2}\cdot\left(1+\frac{1}{n}\right)=\frac{1}{2}$$

■

※　本問では「収束の和は，和に収束」について考えた．前提は，個数が
　　有限個で変化しないことである．

$$\lim_{n\to\infty}(a_n+b_n)=\lim_{n\to\infty}a_n+\lim_{n\to\infty}b_n$$

という風に $\lim=\lim+\lim$ と書いて良いのは，それよりも前にそれぞ
れの収束を証明しているときだけである．

　　同様に，

　　　「収束の差は，差に収束」

　　　「収束の積は，積に収束」

　　　「収束の商は，商に収束」

である．注意点も同様で，有限個であることと，収束が確定していると
きしか使えないことである．ただし，商については，(分母)→0のと
きは認められない．

※　発散についても考えておく．

$\displaystyle\lim_{n\to\infty}a_n=\infty$，　$\displaystyle\lim_{n\to\infty}b_n=\infty$ のとき，

$$\lim_{n\to\infty}(a_n+b_n)=\infty，\ \lim_{n\to\infty}(a_nb_n)=\infty$$
$$\lim_{n\to\infty}(a_n-b_n)，\ \lim_{n\to\infty}\frac{a_n}{b_n}\ \text{は不明}$$

である．$\infty+\infty$ などと書くことは認められない．

数列 $\{a_n\}$ が実数 α に収束するとは,「n を限りなく大きくするとき,a_n が一定の値 α に限りなく近づく」ことである.例えば,$\displaystyle\lim_{n\to\infty}\frac{1}{n^2}=0$ であるが,$n>100$ のときつねに $0<\dfrac{1}{n^2}<0.0001$ である.このように,「十分大きい n」の値だけを考えると,a_n の値はすべて実数 α に十分「近い」ことが保証される.「近い」を表す不等式を任意に設定すると,「十分大きい」がどのくらいなのかが決まることになる.

数列 $\{a_n\}$,$\{b_n\}$ の極限が $\displaystyle\lim_{n\to\infty}a_n=2$,$\displaystyle\lim_{n\to\infty}b_n=\infty$ であるとする.

十分大きい n についてつねに $a_n>1$ であることが保証される.これを利用して,$\displaystyle\lim_{n\to\infty}(a_n+b_n)$,$\displaystyle\lim_{n\to\infty}a_nb_n$ を求めよ.

【ヒント】

2つの数列 $\{c_n\}$,$\{d_n\}$ において,

$$c_n\leqq d_n\ (十分大きい\ n\ において,つねに)$$

$$\lim_{n\to\infty}c_n=\infty$$

であるとき,$\displaystyle\lim_{n\to\infty}d_n=\infty$ である($\{d_n\}$ の極限が存在し,それは正の無限大である).これを追い出しの原理と呼ぶことがある.

$a_n>1$ であるときに $a_nb_n>b_n$ であると主張したいが,$b_n\leqq 0$ であるときには成り立たない.しかし,$\displaystyle\lim_{n\to\infty}b_n=\infty$ であることから,十分大きい n での b_n について保証されることがある.それを利用しよう.

この観点がなかった人は,改めて考えてみよう!

【解答・解説】

十分大きい n についてつねに

$$a_n+b_n>b_n+1$$

が成り立ち,$\displaystyle\lim_{n\to\infty}(b_n+1)=\infty$ であるから,

$$\lim_{n \to \infty}(a_n + b_n) = \infty$$

$\lim_{n \to \infty} b_n = \infty$ であることから，十分大きい n について $b_n > 0$ であることが分かる（そうでないと，"正"の無限大には発散しない）．

十分大きい n についてつねに

$$a_n b_n > b_n$$

が成り立ち，$\lim_{n \to \infty} b_n = \infty$ であるから

$$\lim_{n \to \infty} a_n b_n = \infty$$

■

※　$\lim_{n \to \infty} a_n = \infty$ とはどういう意味だろうか．

このとき，例えば，$a_n > 10000$ という不等式について，ある自然数 N よりも n が大きいときに常に成り立つことが保証される．10000 でなくても，どれだけ大きい数についても同じように保証されるのである．

∞ は，「数列 $\{a_n\}$ が正の無限大に発散する」という様子を象徴的に表すものである．正の無限大に発散する 2 つの数列について「2 つの極限が等しく，∞ である」という風に捉えてはならない（**問題 2-9,10** の解説を参照）．また，数ではないから，大小関係を考えることもできない．つまり，以下のような記述は認められないことに注意しておこう．

十分大きい n についてつねに

$$a_n + b_n > b_n + 1$$

が成り立ち，~~両辺の極限を考えて，~~

$$~~\lim_{n \to \infty}(a_n + b_n) \geq \lim_{n \to \infty}(b_n + 1)~~$$

である．$\lim_{n \to \infty}(b_n + 1) = \infty$ から，

$$\lim_{n \to \infty}(a_n + b_n) = \infty$$

収束ではないときに，【両辺の極限を考えて】というのは許されない．その次の行では【$\infty \geq \infty$】となっている！

　数列 $\{a_n\}$ はすべての項が整数で，$a_n < a_{n+1}$ $(n = 1,\ 2,\ 3,\ \cdots\cdots)$ が成り立つという．$\displaystyle\lim_{n\to\infty} a_n$ を求めよ．

【ヒント】

　前問のヒントに挙げた性質を利用してみよ．

　異なる 2 つの整数の差は必ず 1 以上である．整数で値がどんどん増加していくとき，1 以上増え続けることになる．「差が 1」の数列を利用したい．

　この観点がなかった人は，改めて考えてみよう！

【解答・解説】

　a_n，a_{n+1} は整数であるから，$a_{n+1} > a_n$ は

$$a_{n+1} \geqq a_n + 1$$

ということである．初項が a_1 で公差が 1 の等差数列を用いて評価できて，

$$a_n \geqq a_1 + (n-1) \quad (n = 1,\ 2,\ 3,\ \cdots\cdots)$$

が成り立つ．$\displaystyle\lim_{n\to\infty}(a_1 + n - 1) = \infty$ より，$\displaystyle\lim_{n\to\infty} a_n = \infty$

■

※　発散の扱いはここまでにして，次の問題から「収束」を丁寧に考えていく．「収束」は証明問題であるという意識をもって臨みたい．証明するための方法を分類すると，

    1)　公式を利用

    2)　収束するものの四則演算で表す

    ☞無限個になるものは不可．（分母）→ 0 は不可．

    3)　連続性，微分可能性の利用

    4)　はさみうちの原理を利用

    5)　区分求積

である．

問題 2-13

数列 $\{a_n\}$ において $\displaystyle\lim_{n\to\infty} n(a_n-1)=1$ であるという. a_n-1 に, 限りなく大きくなる n をかけたものが収束しているから, $\{a_n-1\}$ は 0 に収束するのではないかと考えられる. つまり, $\displaystyle\lim_{n\to\infty} a_n=1$ ではないかと考えられる. この考えが正しいことを証明せよ.

【ヒント】

収束すると分かっているのは数列 $\{n(a_n-1)\}$ のみである. これを用いて数列 $\{a_n-1\}$ のことを考えよう. なお, $\displaystyle\lim_{n\to\infty}(a_n-1)=0$ と $\displaystyle\lim_{n\to\infty} a_n=1$ は同じことを意味している.

この観点がなかった人は, 改めて考えてみよう!

【解答・解説】

$$\lim_{n\to\infty}(a_n-1)=\lim_{n\to\infty} n(a_n-1)\cdot\frac{1}{n}=1\cdot 0=0$$

より, $\displaystyle\lim_{n\to\infty} a_n=1$ である.

■

※ $$\lim_{n\to\infty} n(a_n-1)=1,\ \lim_{n\to\infty}\frac{1}{n}=0$$

を用いた. 収束する2つの数列の項の積で表すことができたから, 収束することが分かった.

「正の無限大に発散するものに掛けて収束するものは 0 に収束する」という "解釈" は可能であるが, これを根拠にはせず, 「収束の積だから収束する」という文脈で記述しよう.

次の問題は, 収束について, やって良いこと, 許されないことを判断する問題である.

　極限について述べた以下の文は正しいか. 正しいものは証明せよ. 間違っているものは反例を挙げよ. ここで α, β は実数である.

（1）　$\displaystyle\lim_{n\to\infty}a_n=\infty$, $\displaystyle\lim_{n\to\infty}b_n=\infty$ のとき, $\displaystyle\lim_{n\to\infty}\frac{a_n}{b_n}=1$

（2）　$a_n<b_n$ $(n=1,\ 2,\ 3,\ \cdots\cdots)$, $\displaystyle\lim_{n\to\infty}a_n=\alpha$, $\displaystyle\lim_{n\to\infty}b_n=\beta$ のとき, $\alpha<\beta$

（3）　$\displaystyle\lim_{n\to\infty}a_n=1$, $\displaystyle\lim_{n\to\infty}(b_n-a_n)=2$ のとき, $\displaystyle\lim_{n\to\infty}b_n=3$

【ヒント】

　収束することを証明する方法は**問題2-12**の解説に整理してある.（2）は, はさみうちの原理のことをよく思い出そう.（3）は**問題2-13**の考え方を応用できる.

　この観点がなかった人は, 改めて考えてみよう！

【解答・解説】

（1）　間違っている. 例えば,
$$a_n=n^2,\ b_n=n\ (n=1,\ 2,\ 3,\ \cdots\cdots)$$
のときは $\displaystyle\lim_{n\to\infty}\frac{a_n}{b_n}=\infty$ である. 他にも
$$a_n=n,\ b_n=n^2\ (n=1,\ 2,\ 3,\ \cdots\cdots)$$
のときは $\displaystyle\lim_{n\to\infty}\frac{a_n}{b_n}=0$ であるし,
$$a_n=2n,\ b_n=n\ (n=1,\ 2,\ 3,\ \cdots\cdots)$$
のときは $\displaystyle\lim_{n\to\infty}\frac{a_n}{b_n}=2$ である. 少し強引ではあるが,
$$a_n=n^2\ (n=1,\ 2,\ 3,\ \cdots\cdots)$$
$$b_{2m-1}=m^3,\ b_{2m}=m\ (m=1,\ 2,\ 3,\ \cdots\cdots)$$
のときは, 振動して, $\displaystyle\lim_{n\to\infty}\frac{a_n}{b_n}$ は存在しない.

(2) 間違っている．一般に $\alpha \leqq \beta$ は成り立つが，$\alpha < \beta$ とは言えない．

$$a_n = 1 - \frac{1}{n},\ b_n = 1 + \frac{1}{n}\ (n = 1,\ 2,\ 3,\ \cdots\cdots)$$

のとき，$\alpha = 1$，$\beta = 1$ で，$\alpha = \beta$ である．

(3) 正しい．$\{b_n\}$ が収束することと，極限値が 3 であることを示そう．

$$b_n = (b_n - a_n) + a_n\ (n = 1,\ 2,\ 3,\ \cdots\cdots)$$

である．$\{b_n - a_n\}$，$\{a_n\}$ が収束するから $\{b_n\}$ も収束し，

$$\lim_{n \to \infty} b_n = \lim_{n \to \infty}((b_n - a_n) + a_n) = 2 + 1 = 3$$

∎

※　はさみうちの原理：

　　数列 $\{a_n\}$，$\{b_n\}$，$\{c_n\}$ において，

$$a_n \leqq c_n \leqq b_n\ (n = 1,\ 2,\ 3,\ \cdots\cdots)\ \cdots\cdots\ ①$$

　　が成り立ち，しかも，数列 $\{a_n\}$，$\{b_n\}$ が収束して

$$\lim_{n \to \infty} a_n = \alpha\quad かつ\quad \lim_{n \to \infty} b_n = \alpha\ \cdots\cdots\ ②$$

　　であるとする．このとき，数列 $\{c_n\}$ も収束して，しかも，

$$\lim_{n \to \infty} c_n = \alpha$$

　　これは "原理" である．高校数学では極限の厳密な定義がされておらず，証明できないからである．

　　はさみうちの原理は，数列 $\{c_n\}$ の収束を直接証明できないときに間接的に証明することができる強力なツールである．例えば，一般項 c_n が n の式で表されていなくても収束を証明できる．

　　使用するときに重要なことは，①と②が揃って「はさみうちの原理」を発動させて初めて $\{c_n\}$ の極限の存在が確定することである．つまり，それ以前に $\lim_{n \to \infty} c_n$ を式の中に書くことは認められない．例えば，誤った書き方としては，①の各辺の極限をとった

$$\cancel{\lim_{n \to \infty} a_n \leqq \lim_{n \to \infty} c_n \leqq \lim_{n \to \infty} b_n}$$

を②の前に書くようなものがある．

67

問題 2-15

α, β を実数として，数列 $\{a_n\}$, $\{b_n\}$ において $\displaystyle\lim_{n\to\infty} a_n = \alpha$, $\displaystyle\lim_{n\to\infty} b_n = \beta$ であるとする（つまり，収束して，極限値がそれぞれ α, β）．このとき，

$$\lim_{n\to\infty}(a_n \pm b_n) = \alpha \pm \beta, \ \lim_{n\to\infty} a_n b_n = \alpha\beta, \ \lim_{n\to\infty}\frac{a_n}{b_n} = \frac{\alpha}{\beta}$$

である（ただし，最後の「商」では $\beta \neq 0$ とする）．また，連続関数 $f(x)$ が与えられたとき，

$$\lim_{n\to\infty} f(a_n) = f(\alpha)$$

である（ただし，$f(a_n)$, $f(\alpha)$ が定義されるとき）．

$a_n > 0$ であるとき，数列 $\{(a_n)^{b_n}\}$ を定義することができる．しかし，

$$\lim_{n\to\infty}\left((a_n)^{b_n}\right) = \alpha^\beta$$

であるとは限らない．特に $\alpha = \beta = 0$ であるときは，0^0 という意味をなさない表記となってしまう（$0^0 = 1$ と定めることもある）．

（1）　$a_n = 2 + \dfrac{1}{n}$, $b_n = 3 - \dfrac{1}{n}$ （$n = 1, 2, 3, \cdots\cdots$）であるとき，$\alpha = 2$，$\beta = 3$ である．$a_n > 0$ （$n = 1, 2, 3, \cdots\cdots$）であるから，数列 $\{\log(a_n)^{b_n}\}$ を考えることができる．この数列の極限を利用して，$\displaystyle\lim_{n\to\infty}\left((a_n)^{b_n}\right)$ を求めよ．その際，上記の四則演算，連続性のどれを利用しているかを考察せよ．

（2）　$\alpha = \beta = 0$ である数列 $\{a_n\}$, $\{b_n\}$ であって，極限値 $\displaystyle\lim_{n\to\infty}\left((a_n)^{b_n}\right)$ が $0, 1, 2, \infty$ となるような例をそれぞれ挙げよ．

【ヒント】

正であることが確認できれば，対数をとることができる．対数関数，その逆関数の指数関数は，連続である．極限では数での計算の常識が通じないことが多く，上の意味で，0^0 は定まらない．（2）では逆算的に考えてみよう．a が正の数のとき $0^a = 0$, $a^0 = 1$ である．

この観点がなかった人は，改めて考えてみよう！

【解答・解説】

（1）$a_n > 0$（$n = 1, 2, 3, \cdots\cdots$）より，対数を考えることができて，

$$\log(a_n)^{b_n} = b_n \log(a_n) = \left(3 - \frac{1}{n}\right)\log\left(2 + \frac{1}{n}\right)$$

である．対数関数の連続性により

$$\lim_{n\to\infty}\log\left(2 + \frac{1}{n}\right) = \log 2$$

である．収束するものの積で表される数列は収束するから，

$$\lim_{n\to\infty}\log(a_n)^{b_n} = 3\log 2 = \log 8$$

である．さらに，$c_n = \log(a_n)^{b_n}$（$n = 1, 2, 3, \cdots\cdots$）とおくと，

$$\lim_{n\to\infty} c_n = \log 8$$

$$\therefore \quad \lim_{n\to\infty}\left((a_n)^{b_n}\right) = \lim_{n\to\infty}(e^{c_n}) = e^{\log 8} = 8$$

である．ここで用いたのは，指数関数の連続性である（「対数関数が連続だから，その逆関数の指数関数が連続である」と考えて，"対数関数の連続性を用いた"と言えなくはない．**問題 2-1** も参照せよ）．

（2）$a_n = \dfrac{1}{n^n}$，$b_n = \dfrac{1}{n}$（$n = 1, 2, 3, \cdots\cdots$）とすると $\alpha = \beta = 0$ で，

$$(a_n)^{b_n} = \frac{1}{n} \ (n = 1, 2, 3, \cdots\cdots) \quad \therefore \quad \lim_{n\to\infty}\left((a_n)^{b_n}\right) = 0$$

$a_n = \dfrac{1}{n}$，$b_n = 0$（$n = 1, 2, 3, \cdots\cdots$）とすると $\alpha = \beta = 0$ で，

$$(a_n)^{b_n} = 1 \ (n = 1, 2, 3, \cdots\cdots) \quad \therefore \quad \lim_{n\to\infty}\left((a_n)^{b_n}\right) = 1$$

$a_n = 2^{-n}$，$b_n = -\dfrac{1}{n}$（$n = 1, 2, 3, \cdots\cdots$）とすると $\alpha = \beta = 0$ で，

$$(a_n)^{b_n} = 2 \ (n = 1, 2, 3, \cdots\cdots) \quad \therefore \quad \lim_{n\to\infty}\left((a_n)^{b_n}\right) = 2$$

$a_n = 2^{-n^2}$，$b_n = -\dfrac{1}{n}$（$n = 1, 2, 3, \cdots\cdots$）とすると $\alpha = \beta = 0$ で，

$$(a_n)^{b_n} = 2^n \ (n = 1, 2, 3, \cdots\cdots) \quad \therefore \quad \lim_{n\to\infty}\left((a_n)^{b_n}\right) = \infty$$

■

数列 $\{a_n\}$ が収束し, $\lim_{n \to \infty} a_n = \alpha$ であるとすると, 数列 $\{a_n\}$ の一部であるような数列も同じ極限に収束する. 例えば, 以下が成り立つ.

$$\lim_{n \to \infty} a_{n+1} = \lim_{n \to \infty} a_{2n} = \lim_{n \to \infty} a_{2n-1} = \lim_{n \to \infty} a_{n^2} = \alpha$$

（1） $$a_{n+1} = \frac{1}{2} a_n + 3 \ (n = 1,\ 2,\ 3,\ \cdots\cdots)$$

により数列 $\{a_n\}$ を定めると, 初項がどんな実数であっても $\{a_n\}$ は収束する. 一般項を求めずに, 数列 $\{a_n\}$ の極限値 α を求めよ.

（2） 収束する数列 $\{a_n\}$ において $\lim_{n \to \infty} a_{2n} = \alpha$ であれば, $\lim_{n \to \infty} a_n = \alpha$ である.

数列 $\{a_n\}$ で, $\lim_{n \to \infty} a_{2n} = 1$ であるが, 「$\lim_{n \to \infty} a_n = 1$ ではない」ようなものを考える. そのような例を1つ挙げ, $\lim_{n \to \infty} a_n$ がどうなるか答えよ.

（3） 数列 $\{a_n\}$ の初項から第 n 項までの和を S_n $(n = 1,\ 2,\ 3,\ \cdots\cdots)$ とおく. 数列 $\{S_n\}$ が収束するとき, $\{a_n\}$ は収束することを示し, $\lim_{n \to \infty} a_n$ を求めよ.

（4） 数列 $\{a_n\}$ の初項から第 n 項までの積を P_n $(n = 1,\ 2,\ 3,\ \cdots\cdots)$ とおく. 数列 $\{P_n\}$ が 0 でない実数 P に収束するとする. このとき, $\{a_n\}$ は収束することを示し, $\lim_{n \to \infty} a_n$ を求めよ.

【ヒント】

等しいものの極限は, 等しい. $n = 1,\ 2,\ 3,\ \cdots\cdots$ で成り立つ等式があって, その両辺がそれぞれ収束するとき, 2つの極限値は等しい. ただし, 収束するかどうかは, きっちり証明する必要がある.

$\{a_{n+1}\} : a_2,\ a_3,\ a_4,\ \cdots\cdots$ は, α に収束する.

（2）では, $\lim_{n \to \infty} a_{2n} = 1$ であるとき, $\lim_{n \to \infty} a_n$ が存在するなら, $\lim_{n \to \infty} a_n = 1$ であることに注意しよう. 収束・ $+\infty$ に発散・ $-\infty$ に発散が, 極限が存在する場合である. それ以外の場合は, 極限は存在せず, $\{a_n\}$ は振動する.

この観点がなかった人は, 改めて考えてみよう！

【解答・解説】

(1) $\{a_n\}$ は α に収束するから

$$\lim_{n\to\infty} a_{n+1} = \alpha, \ \lim_{n\to\infty}\left(\frac{1}{2}a_n + 3\right) = \frac{1}{2}\alpha + 3$$

である. よって,

$$\alpha = \frac{1}{2}\alpha + 3 \quad \therefore \ \alpha = 6$$

(2) $\lim_{n\to\infty} a_{2n-1} = 1$ のときに限り数列 $\{a_n\}$ の極限が存在し, $\lim_{n\to\infty} a_n = 1$ である. $\lim_{n\to\infty} a_{2n} = 1$ であるが, 「$\lim_{n\to\infty} a_n = 1$ ではない」ような数列の例は

$$a_{2n-1} = 0, \ a_{2n} = 1 \ (n = 1, \ 2, \ 3, \ \cdots\cdots)$$

であり, このとき $\lim_{n\to\infty} a_n$ は存在しない ($\{a_n\}$ は振動する).

(3) 極限値を $\lim_{n\to\infty} S_n = S$ とおける. $n \geqq 2$ で $a_n = S_n - S_{n-1}$ であるから,

$$\lim_{n\to\infty} a_n = \lim_{n\to\infty}(S_n - S_{n-1}) = S - S = 0$$

(4) $\{a_n\}$ の項の中に 0 が含まれていたら, 十分大きい n でつねに $P_n = 0$ となり, $\{P_n\}$ は 0 に収束してしまう. よって, $\{a_n\}$ および $\{P_n\}$ のどの項も 0 ではない. $n \geqq 2$ で $a_n = \dfrac{P_n}{P_{n-1}}$ であるから,

$$\lim_{n\to\infty} a_n = \lim_{n\to\infty}\frac{P_n}{P_{n-1}} = \frac{P}{P} = 1$$

∎

※ (3)の $\{S_n\}$ が S に収束するとき, 無限級数

$$a_1 + a_2 + a_3 + \cdots\cdots$$

は収束するといい, S を無限級数の和という. このとき,

$$a_1 + a_2 + a_3 + \cdots\cdots = S$$

と書く. 無限級数は, この塊 ($\{a_n\}$ の各項を前から順に並べ, 間に "+" を書いたもの) で 1 つの意味をなし, 「$a_2 + a_1 + a_3 + \cdots\cdots$」など 1 カ所でも違えば別の無限級数である.

なお, ある無限数列 $\{a_n\}$ の和からなる数列 $\{S_n\}$ の極限が, 無限級数である. $\lim_{n\to\infty} \sum_{k=1}^{n} \dfrac{k}{n^2}$ などは, 和で表された極限だが, 無限級数ではない.

　数列 $\{a_n\}$ の初項から第 n 項までの和を S_n とし，数列 $\{b_n\}$ の初項から第 n 項までの積を P_n とする（$n=1,\ 2,\ 3,\ \cdots\cdots$）．

(1)　$\displaystyle\lim_{n\to\infty}a_n=0$, $\displaystyle\lim_{n\to\infty}S_n=\infty$ となる数列 $\{a_n\}$ の例を1つ挙げよ．

(2)　$\displaystyle\lim_{n\to\infty}b_n=1$, $\displaystyle\lim_{n\to\infty}P_n=\infty$ となる数列 $\{b_n\}$ の例を1つ挙げよ．

(3)　$\displaystyle\lim_{n\to\infty}b_n=\infty$, $\displaystyle\lim_{n\to\infty}P_n=0$ となる数列 $\{b_n\}$ の例を1つ挙げよ．

【ヒント】

　前問の (3)，(4) で示した事実の「逆」が不成立であることを，本問の (1)，(2) で示す．例を挙げにくい場合は，発散するような $\{S_n\}$，$\{P_n\}$ を先に作り，$\{a_n\}$，$\{b_n\}$ を求めてみよう．その中で望む極限になるものを探してみよ．その際，S_n，P_n の n に $n=0$ を（形式的に）代入したものが $S_0=0$，$P_0=1$ となると，$n=1$ のときを分けずに一般項を求められる．

　(3) は前問の (4) で除外したケースである．積の特殊性から発想しよう．

　例は無数にあるので，適・不適は，指導者に判定してもらってください．

　この観点がなかった人は，改めて考えてみよう！

【解答・解説】

(1)　$S_n=\sqrt{n}$（$n=1,\ 2,\ 3,\ \cdots\cdots$）となるのは，

$$a_1=\sqrt{1}=1,\ a_n=\sqrt{n}-\sqrt{n-1}\ (n\geqq 2)$$

のときである．$n\geqq 2$ のときのものは $n=1$ でも成り立つ．

$$\lim_{n\to\infty}a_n=\lim_{n\to\infty}\left(\sqrt{n}-\sqrt{n-1}\right)=\lim_{n\to\infty}\frac{1}{\sqrt{n}+\sqrt{n-1}}=0$$

$$\lim_{n\to\infty}S_n=\lim_{n\to\infty}\sqrt{n}=\infty$$

であるから，$\displaystyle\lim_{n\to\infty}a_n=0$, $\displaystyle\lim_{n\to\infty}S_n=\infty$ となる数列 $\{a_n\}$ の例になっている．

(2)　$P_n=n+1$（$n=1,\ 2,\ 3,\ \cdots\cdots$）となるのは，

$$b_1=2,\quad b_n=\frac{n+1}{n}\ (n\geqq 2)$$

のときである. $n \geqq 2$ のときのものは $n=1$ でも成り立つ.

$$\lim_{n \to \infty} b_n = \lim_{n \to \infty} \frac{n+1}{n} = 1, \ \lim_{n \to \infty} P_n = \lim_{n \to \infty}(n+1) = \infty$$

であるから, $\displaystyle\lim_{n \to \infty} b_n = 1$, $\displaystyle\lim_{n \to \infty} P_n = \infty$ となる数列 $\{b_n\}$ の例になっている.

(3) $b_n = n - 1$ $(n = 1, \ 2, \ 3, \ \cdots\cdots)$ のとき, $b_1 = 0$ で,

$$P_n = 0 \cdot 1 \cdot 2 \cdot \cdots\cdots \cdot (n-1) = 0 \ (n = 1, \ 2, \ 3, \ \cdots\cdots)$$

であるから, $\displaystyle\lim_{n \to \infty} b_n = \infty$, $\displaystyle\lim_{n \to \infty} P_n = 0$ となる数列 $\{b_n\}$ の例になっている. ■

※ 数列 $\{a_n\}$ について,

和の数列 $\{S_n\}$ が収束するならば, $\displaystyle\lim_{n \to \infty} a_n = 0$ …… (*)

である. 対偶を考えると, 数列 $\{a_n\}$ について,

"$\displaystyle\lim_{n \to \infty} a_n = 0$" でないならば, 和の数列 $\{S_n\}$ は発散 …… (*)

である. ここで,「"$\displaystyle\lim_{n \to \infty} a_n = 0$" でない」は,「$\displaystyle\lim_{n \to \infty} a_n \neq 0$」とは書かない. 「$\displaystyle\lim_{n \to \infty} a_n \neq 0$」は「極限が存在するが, 0 ではない」である. ここでの主張は,「0 に収束」以外の全パターン (発散, または, 0 以外に収束) である.

ここまでが前問の (3) である. 本問 (1) では, これの逆が成り立たないことを示した. つまり, 数列 $\{a_n\}$ について,

~~$\displaystyle\lim_{n \to \infty} a_n = 0$ ならば, 和の数列 $\{S_n\}$ は収束する~~

は, 偽である

積の数列についても状況はほぼ同じである. 積が収束するなら, <u>だいたい</u>の場合, $\{b_n\}$ は 1 に収束する (前問 (4)). しかし, 逆は不成立である. つまり, $\{b_n\}$ が 1 に収束しても, 積が収束するとは限らない (本問 (2)).

ただし, 積には<u>レアケース</u>がある. $\{b_n\}$ の中に値が 0 の項があれば, $\{P_n\}$ は必ず 0 に収束する (本問 (3))！これが「<u>だいたい</u>」の意味である.

※ 本問 (1) と (2) は関連している. 実は, (1) の a_n を用いて $b_n = e^{a_n}$ とすれば, (2) の例になる. また, (2) で $b_n > 0$ だから, $a_n = \log b_n$ とすることができ, これは (1) の例になる.

実数 a, r について，初項が a で公比が r の無限等比級数 $\sum_{n=1}^{\infty} a \cdot r^{n-1}$ が収束する条件は，「$a=0$ または $-1<r<1$」である．和は，$a=0$ のときは 0 であり，それ以外のときは $\dfrac{a}{1-r}$ である．

$\dfrac{a}{1-r}$ に $a=0$ を代入すると 0 になるから，まとめて和の公式を $\dfrac{a}{1-r}$ とすれば良いのではないか，と考えることもできそうである．しかし，そうなっていないのには理由があるはずである．

次の問題に対する誤答例を挙げる．不適当なところを指摘し，訂正せよ．

問 $0 \leqq \theta < 2\pi$ を満たす実数 θ について，無限級数 $\sum_{n=1}^{\infty} \sin\theta \cdot (\cos\theta)^{n-1}$ は収束することを示し，その和を求めよ．

解答 初項が $\sin\theta$ で公比が $\cos\theta$ である．$\theta=0$, π のときは初項が 0 であり，それ以外のときは公比について $-1<\cos\theta<1$ が成り立つ．

よって，すべての θ において収束する．和は $\dfrac{\sin\theta}{1-\cos\theta}$ である．

【ヒント】

文字式の含まれる分数では，あることに注意が必要である．$\dfrac{a}{1-r}$ を使えない稀な状況とは何であるかを考えてみよう．

この観点がなかった人は，改めて考えてみよう！

【解答・解説】

収束を証明するまでは正しい．和を $\dfrac{\sin\theta}{1-\cos\theta}$ と求めているところが不適当である．なぜなら，これは，$\cos\theta=1$ つまり $\theta=0$ のときに定義されないからである．

次のように修正すると良い.

和は,

$$\theta = 0, \ \pi \text{ のとき, } 0$$

$$\theta \neq 0, \ \pi \text{ のとき, } \frac{\sin\theta}{1-\cos\theta}$$

■

※　和 $\dfrac{a}{1-r}$ が使えないのは, $a=0$ かつ $r=1$ のときである. 本問では,

$$\sin\theta = 0 \quad \text{かつ} \quad \cos\theta = 1$$

つまり, $\theta = 0$ のときである. $\theta = \pi$ のときの和を $\dfrac{\sin\theta}{1-\cos\theta}$ と書くことは問題ない.

$$\theta = 0 \text{ のとき, } 0$$

$$\theta \neq 0 \text{ のとき, } \frac{\sin\theta}{1-\cos\theta}$$

と修正しても良かったのである.

これを見ていると,

$$\frac{\sin\theta}{1-\cos\theta} = \frac{\sin\theta(1+\cos\theta)}{1-\cos^2\theta} = \frac{1+\cos\theta}{\sin\theta}$$

と変形できることに気付くかも知れない. この最後の形で答えるなら,

$$\theta = 0, \ \pi \text{ のとき, } 0$$

$$\theta \neq 0, \ \pi \text{ のとき, } \frac{1+\cos\theta}{\sin\theta}$$

である. 上記の変形で, $1+\cos\theta$ を分母と分子にかけている. これが 0 になるとき, つまり, $\theta = \pi$ のときはこの変形が許されないからである.

分数, 平方根, 対数は, 考えることができるものになっているかどうかを, 常に意識しておきたい.

a を実数とする. 関数 $f(x)$ の $x \to a$ のときの極限が存在するのは, 「変数 x が a と異なる値をとりながら a に限りなく近づくとき, $f(x)$ の値が

・一定の値 α に限りなく近づく

・限りなく大きくなる

・負で, 絶対値が限りなく大きくなる

のいずれかのとき」である. 近づけ方によらず決まることが重要である.

$x > a$ ($x < a$) を満たしながら近づくときの極限が右側 (左側) 極限である. これらが存在するときは, これらが一致することで極限の存在が確定する. 片側極限を考えることは重要であるが, 近づけ方は他にもあり, 片側極限すら存在しないこともある. そのような例を考えてみよう.

関数 $f(x)$ を以下で定める:

$$f(x) = 1 \ (x \text{が有理数のとき})$$

$$f(x) = 0 \ (x \text{が無理数のとき})$$

このとき, 極限 $\lim_{x \to 0} f(x)$ は存在しない. その理由を説明せよ.

【ヒント】

$y = f(x)$ のグラフは描けない. 色々な制限を設けて x を 0 に近づけてみよう. どうやっても同じ極限になる場合のみ, $\lim_{x \to 0} f(x)$ は存在する. この観点がなかった人は, 改めて考えてみよう！

【解答・解説】

x が 0 以外の有理数の値のみをとりながら 0 に限りなく近づくと, $f(x)$ の値は常に 1 であるから, 限りなく 1 に近づく.

一方, x が無理数の値のみをとりながら 0 に限りなく近づくと, $f(x)$ の値は常に 0 であるから, 限りなく 0 に近づく.

近づき方によって極限が変わるから, $\lim_{x \to 0} f(x)$ は存在しない (片側極限も存在しない).

■

※　x を有理数や無理数に制限しての極限を表記する方法はない（片側極限のように表記法が決まっていない）．そのため，言葉で説明した．

※　関数 $f(x)$ がその定義域内の $x=a$ において連続であるとは，次の2つが満たされていることである：

　　1．極限値 $\lim\limits_{x \to a} f(x)$ が存在する．☞つまり，収束するということ

　　2．$\lim\limits_{x \to a} f(x) = f(a)$ が成り立つ．

ただし，閉区間の端のような場合は，片側極限によって連続性を定める．

$$\lim_{x \to a+0} f(x) = \lim_{x \to a-0} f(x) = f(a) \quad \cdots\cdots \quad (*)$$

と書くこともあるが，本来の意味が見えにくくなってしまうことがある．

　$(*)$ を細かく見ていこう．$\lim\limits_{x \to a+0} f(x)$，$\lim\limits_{x \to a-0} f(x)$ と書かれているから，これらの極限は存在する．しかも，数式の中に入れているから，極限値として存在することになる（正負の無限大への発散は，「$\lim\limits_{x \to a+0} f(x) = \infty$」という1つのカタマリとしてのみ意味をなすもので，これと別の式を繋げることはしない．例えば，

$$\cancel{\lim_{x \to a+0} f(x) = \lim_{x \to a-0} f(x) = \infty}$$

という書き方は避ける）．

　$(*)$ では，$\lim\limits_{x \to a+0} f(x) = \lim\limits_{x \to a-0} f(x)$ の段階で，

　　1．極限値 $\lim\limits_{x \to a} f(x)$ が存在する．

が満たされる．さらに，それらが $f(a)$ と一致するから，

　　2．$\lim\limits_{x \to a} f(x) = f(a)$ が成り立つ．

が満たされる．しかも，「$f(a)$」という表記が許されるからには，a は $f(x)$ の定義域に含まれていることになる．

　連続性について考える問題では片側極限が存在することが多いから，$(*)$ の形は便利である．しかし，それだけでは本問のようなケースでどうすればよいか分からなくなる．正しい定義も押さえておきたい．

　なお，本問で考えた $f(x)$ は，すべての実数 a について，$x=a$ で連続でない．$x=a$ で連続でないことを「$x=a$ で不連続」ともいう．

関数の連続性に関して，以下の問いに答えよ．

（1）　関数 $f(x)=\dfrac{1}{x}$ は $x=0$ において連続であるか，考察せよ．

（2）　中間値の定理：

> 　関数 $f(x)$ が閉区間 $[a,\ b]$ で連続で，$f(a)\neq f(b)$ ならば，$f(a)$ と $f(b)$ の間の任意の値 k に対して，$f(c)=k$ を満たす c が，a と b の間に少なくとも 1 つ存在する

について考える．ここで，「間」というときは，「端」は含めていない．

　以下の問いについて，考察せよ．成り立たないなら，その例を挙げよ．

ⅰ）　定理は，「閉区間 $[a,\ b]$」を「開区間 $(a,\ b)$」に変えても成り立つか？

　　　ただし，$f(x)$ は $x=a$，b でも定義されているものとする．

ⅱ）　定理は，k として $f(a)$ を採用しても成り立つか？

【ヒント】

　前問の補足にある連続性の定義を参照せよ．連続であるか，連続でないか，の二択だろうか？

　$x=a$ における連続性のイメージは，$(a,\ f(a))$ の周辺でグラフがつながっていることである（あくまでイメージ！）．ⅰ）では，$x=a$ で不連続な関数で何が起こりえるかを考えてみよう．ⅱ）では $y=f(x)$ のグラフと横線 $y=f(a)$ との共有点が $a<x<b$ の範囲に含まれるかを考えよう．

　この観点がなかった人は，改めて考えてみよう！

【解答・解説】

（1）　関数 $f(x)=\dfrac{1}{x}$ の定義域は $x\neq 0$ である．

　　定義域に含まれていないから，$x=0$ における連続性は定義されない（連続でも不連続でもなく，「定義されない」である）．

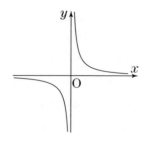

（2）　ⅰ），ⅱ）ともに成り立たない.

ⅰ）　　　　$f(x)=-x\,(x \leqq 0)$

　　　　　　$f(x)=x+1\,(x>0)$

で関数 $f(x)$ を定め，開区間 $(0,1)$ を考え

る．開区間で連続である（$x=0$ では不連続）.

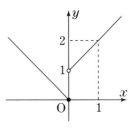

　　$f(0)=0,\ f(1)=2$ で，その間に入る 1 に

ついて，$f(c)=1\,(0<c<1)$ となる c は存在しない.

ⅱ）　関数 $f(x)=x$ を閉区間 $[0,1]$ で考える．$f(0)=0$ である.

　　$f(x)$ は単調増加であるから，$f(x)=0$ を満たす x は $x=0$ のみであ

り，$f(c)=0\,(0<c<1)$ となる c は存在しない.

　　　　　　　　　　　　　　　　　　　　　　　　　　　■

※　連続性は極限を用いて定義されている．しかし，極限の厳密な定義は，
高校数学では与えられていない．あいまいな土台をベースに議論を展開
しているから，連続性に関する定理などは，そのままの形で受け入れる
という姿勢が必要になる．例えば，

　　関数 $f(x)$ が閉区間 $[a,b]$ で連続で，$f(a)<f(b)$ とする.
　　$f(a)<k<f(b)$ となる任意の値 k に対して，$f(c)=k\,(a<c<b)$ を
　満たす c が少なくとも 1 つ存在する

は，「中間値の定理から成り立つ」と言って良い．しかし，

　　関数 $f(x)$ が閉区間 $[a,b]$ で連続で，$f(a)<f(b)$ とする.
　　$f(a) \leqq k \leqq f(b)$ となる任意の値 k に対して，$f(c)=k\,(a \leqq c \leqq b)$ を
　満たす c が少なくとも 1 つ存在する

と変更したら，少しややこしい.
・$k \neq f(a),\ f(b)$ のときは，中間値の定理から $f(c)=k\,(a<c<b)$ を
　満たす c が少なくとも 1 つ存在する.
・$k=f(a)$ のときは $c=a$ が存在し，$k=f(b)$ のときは $c=b$ が存在する.
と分けて議論することになろう.

次の問と解答を読み，続く設問に答えよ．

問　自然数 n に対し，$\sin x = \dfrac{1}{n}x^2$ $(0 < x < \pi)$ を満たす x を x_n と定める（凸性により，x_n は 1 つに決まる）．数列 $\{x_n\}$ の極限 $\displaystyle\lim_{n\to\infty} x_n$ を求めよ．

解答　　　　$\sin x_n = \dfrac{1}{n}(x_n)^2$ $(0 < x_n < \pi)$　……　①

　　$\therefore$　$0 < \sin x_n < \dfrac{\pi^2}{n}$ $(n = 1,\ 2,\ 3,\ \cdots\cdots)$　……　②

　　　　　$\displaystyle\lim_{n\to\infty}\dfrac{\pi^2}{n} = 0$　……　③

　はさみうちの原理より

　　　　　$\displaystyle\lim_{n\to\infty}\sin x_n = 0$　……　④

　　$\therefore$　$\displaystyle\lim_{n\to\infty} x_n = 0$ または π　……　⑤

　十分大きい n について $\dfrac{1}{n}\left(\dfrac{\pi}{2}\right)^2 < 1$ であるから，　……　⑥

　　　　　$\dfrac{\pi}{2} < x_n < \pi$　……　⑦

　よって，$\displaystyle\lim_{n\to\infty} x_n = \pi$

---

(1)　$\displaystyle\lim_{n\to\infty} x_n = \pi$ は正しいが，論証には誤りが含まれている．式①〜⑦のうち，削除することで誤りが無くなる行の番号を答えよ．

(2)　次の論証について考察し，誤りがあるなら指摘せよ．

---

　④において，$\displaystyle\lim_{n\to\infty} x_n = 0$ とすると，$\displaystyle\lim_{n\to\infty}\dfrac{\sin x_n}{x_n} = 1$ である．しかし，

上記の①より $\displaystyle\lim_{n\to\infty}\dfrac{\sin x_n}{x_n} = \lim_{n\to\infty}\dfrac{x_n}{n} = 0$ で，先述と矛盾する．

　よって，「$\displaystyle\lim_{n\to\infty} x_n = 0$」は誤りで，$\displaystyle\lim_{n\to\infty} x_n = \pi$ である．

　極限の論証において，「収束」を前提としてはならない．「0 に収束する」
の否定はどうなるだろう？

　この観点がなかった人は，改めて考えてみよう！

【解答・解説】

（1）⑤は，「$\{x_n\}$ は収束し，極限値は 0 であるか π である」と主張して
　　いることになる．しかし，④から「$\{x_n\}$ が収束」は示せない．例えば，

$$x_{2m} \to 0, \ x_{2m-1} \to \pi \ (m \to \infty)$$

　　となる数列 $\{x_n\}$ は，収束しないが，④を満たす．

　　　⑤を削除すると，正しくなる．⑦から，$\sin x \left(\dfrac{\pi}{2} \leqq x \leqq \pi \right)$ の逆関数

　　の連続性により，「$\{x_n\}$ は収束し，極限値は π」が導かれる．

（2）誤りがある．（1）と同様，$\{x_n\}$ が収束することを示すことができて

　　いない．"「$\lim\limits_{n \to \infty} x_n = 0$」は誤り"までは正しいが，これから分かるのは，

　　「収束しないか，または，収束するなら極限値は π」である．

■

※　収束する数列の中から無限個の項を選んでできる数列は，同じ極限値
　　に収束する．しかし，「数列の中から無限個の項を選んでできる数列が
　　収束」しても，「元の数列が収束」するとは限らない．

　　　また，「収束」を背理法で示すことは，一般的には困難である．（2）の
　　流れでは，収束しない場合を扱えない．

　　　実は，本問の $\{x_n\}$ は，単調増加する
　　（グラフを参照）．そのため，背理法で
　　収束を示すことができる：

$$0 < x_1 < x_2 < \cdots\cdots < \pi$$

　　である．x_1 より小さくなれないから，0 に限りなく近づくことはない．

　　　「$\lim\limits_{n \to \infty} x_n = \pi$」でないとすると，単調性より，$x_n < a < \pi$ となる a が
　　存在し，$\sin x_n$ が限りなくは 0 に近づけず，④に矛盾する．

　　　よって，$\lim\limits_{n \to \infty} x_n = \pi$ である．

数学III－③：「微分法，微分法の応用」で扱う概念は

□微分法

　・微分係数と導関数　・導関数の計算　・いろいろな関数の導関数

　・第 n 次導関数　・関数のいろいろな表し方と導関数

□微分法の応用

　・接線と法線　・平均値の定理　・関数の値の変化

　・関数の最大と最小　・関数のグラフ　・方程式，不等式への応用

　・速度と加速度　・近似式

である．

　微分によってできることは多い．

　導関数の x に数を代入すると，接線の傾き（微分係数）が得られる．

　導関数が 0 になるところ，符号の変化を調べると，グラフを考えることができる（定義域，"端での極限"と合わせて）．グラフが書けると，最大値や最小値を求めることができ，すべての x で成り立つ不等式（不等式の証明）につながる．また，方程式の実数解を共有点として表現することで，解の有無，個数，存在範囲を考えることもできる．文字定数だけを分離するのは，重要な方法である．

　このように，微分法は，計算による問題解決に不可欠なツールである．

　そういった部分は他の問題集や参考書に任せることにし，本書では，微分法の基礎となる部分に注目し，問われたら困るようなところを突いていきたい．自然対数の底 e についても詳しく考察していこう．

　また，電卓（**Excel**）を用いた直観的な把握もやっていく．それらを通じて，数値によるイメージを掴んでもらいたい．

問題 3-1

三角関数，指数関数，対数関数の微分を考えるための基本的な極限は

① $\displaystyle\lim_{x\to0}\frac{\sin x}{x}=1$ ② $\displaystyle\lim_{x\to0}\frac{e^x-1}{x}=1$ ③ $\displaystyle\lim_{x\to0}\frac{\log(1+x)}{x}=1$

の3つである．次のそれぞれについて，適当なものを ⓪ ～ ⑧ から選べ．

⓪ $f'(0)=0$ ① $f'(0)=1$ ② $f'(0)=-1$

③ $f'(1)=0$ ④ $f'(1)=1$ ⑤ $f'(1)=-1$

⑥ $f'(-1)=0$ ⑦ $f'(-1)=1$ ⑧ $f'(-1)=-1$

(1) $f(x)=\sin x$ とすると，①が表すのは $\boxed{\quad\text{ア}\quad}$ である．

(2) $f(x)=e^x$ とすると，②が表すのは $\boxed{\quad\text{イ}\quad}$ である．

(3) $f(x)=\log x$ とすると，③が表すのは $\boxed{\quad\text{ウ}\quad}$ である．

問題 3-2

$y=2^x$ の $x=0$ における微分係数，つまり，$\displaystyle\lim_{h\to0}\frac{2^h-1}{h}$ について考える．

まず，0に近い数を x に代入して数値計算してみよう．例えば，Excel
のセルに「=(2^0.1−1)/0.1」と入力すると $h=0.1$ のときの値が得られる．
必要に応じて小数第7位を四捨五入した値を次の表に入れよ．

h	0.1	− 0.1	0.01	− 0.01	0.001
値					

$2=e^a$ となる a を利用して，$\displaystyle\lim_{h\to0}\frac{2^h-1}{h}$ を求めよ．

問題 3-3

前問で $\log 2 = 0.6931471\cdots\cdots$ であることを紹介した.

$\log 2 = 0.6931$ とし,以下の常用対数表を利用して,次の問いに答えよ (表の値は正確なものであるとせよ). 小数第 5 位を四捨五入せよ.

(1) $\log_{10} e$ の値を求めよ.

(2) (1) で得た値を用いて e の値を求めよ.

常用対数表

数	0	1	2	3	4	5	6	7	8	9
1.0	0.0000	0.0043	0.0086	0.0128	0.0170	0.0212	0.0253	0.0294	0.0334	0.0374
1.1	0.0414	0.0453	0.0492	0.0531	0.0569	0.0607	0.0645	0.0682	0.0719	0.0755
1.2	0.0792	0.0828	0.0864	0.0899	0.0934	0.0969	0.1004	0.1038	0.1072	0.1106
1.3	0.1139	0.1173	0.1206	0.1239	0.1271	0.1303	0.1335	0.1367	0.1399	0.1430
1.4	0.1461	0.1492	0.1523	0.1553	0.1584	0.1614	0.1644	0.1673	0.1703	0.1732
1.5	0.1761	0.1790	0.1818	0.1847	0.1875	0.1903	0.1931	0.1959	0.1987	0.2014
1.6	0.2041	0.2068	0.2095	0.2122	0.2148	0.2175	0.2201	0.2227	0.2253	0.2279
1.7	0.2304	0.2330	0.2355	0.2380	0.2405	0.2430	0.2455	0.2480	0.2504	0.2529
1.8	0.2553	0.2577	0.2601	0.2625	0.2648	0.2672	0.2695	0.2718	0.2742	0.2765
1.9	0.2788	0.2810	0.2833	0.2856	0.2878	0.2900	0.2923	0.2945	0.2967	0.2989
2.0	0.3010	0.3032	0.3054	0.3075	0.3096	0.3118	0.3139	0.3160	0.3181	0.3201
2.1	0.3222	0.3243	0.3263	0.3284	0.3304	0.3324	0.3345	0.3365	0.3385	0.3404
2.2	0.3424	0.3444	0.3464	0.3483	0.3502	0.3522	0.3541	0.3560	0.3579	0.3598
2.3	0.3617	0.3636	0.3655	0.3674	0.3692	0.3711	0.3729	0.3747	0.3766	0.3784
2.4	0.3802	0.3820	0.3838	0.3856	0.3874	0.3892	0.3909	0.3927	0.3945	0.3962
2.5	0.3979	0.3997	0.4014	0.4031	0.4048	0.4065	0.4082	0.4099	0.4116	0.4133
2.6	0.4150	0.4166	0.4183	0.4200	0.4216	0.4232	0.4249	0.4265	0.4281	0.4298
2.7	0.4314	0.4330	0.4346	0.4362	0.4378	0.4393	0.4409	0.4425	0.4440	0.4456
2.8	0.4472	0.4487	0.4502	0.4518	0.4533	0.4548	0.4564	0.4579	0.4594	0.4609
2.9	0.4624	0.4639	0.4654	0.4669	0.4683	0.4698	0.4713	0.4728	0.4742	0.4757
3.0	0.4771	0.4786	0.4800	0.4814	0.4829	0.4843	0.4857	0.4871	0.4886	0.4900

問題 3-4

$$\lim_{x \to 0} \frac{\log(1+x)}{x} = 1 \quad \cdots\cdots ①$$ を利用して, e の値を求めることを考える.

(1) ①を利用して, $\displaystyle\lim_{x \to 0}(1+x)^{\frac{1}{x}}$, $\displaystyle\lim_{x \to +\infty}\left(1+\frac{1}{x}\right)^x$, $\displaystyle\lim_{x \to -\infty}\left(1+\frac{1}{x}\right)^x$ を求めよ.

(2) $f(x) = (1+x)^{\frac{1}{x}}$ とおく. 0 に近い数を x に代入し数値計算しよう. 例えば, Excel のセルに「=(1+0.1)^(1/0.1)」と入力すると $f(0.1)$ の値が得られる. 必要に応じて小数第7位を四捨五入した値を次の表に入れよ.

x	0.1	-0.1	0.01	-0.01	0.001
$f(x)$					

$e = 2.718281828 \cdots\cdots$ に近いが, $x > 0$ なら e より小さく, $x < 0$ なら e より大きい. そこで, $f(0.1)$ と $f(-0.1)$ の平均, $f(0.01)$ と $f(-0.01)$ の平均を計算し, e の値と比較してみよ.

(3) n を自然数として, $\displaystyle\lim_{n \to \infty}\left(1+\frac{1}{n}\right)^n$ を考える. 第 n 項を展開すると

$$\left(1+\frac{1}{n}\right)^n = \sum_{k=0}^{n} \frac{{}_n\mathrm{C}_k}{n^k}$$

となる. 自然数 n と $0 \le k \le n$ を満たす整数 k について, $\dfrac{{}_n\mathrm{C}_k}{n^k} \le \dfrac{1}{k!}$ が成り立つことを示せ. ただし, $0! = 1$ である.

(4) (3) により, $\left(1+\dfrac{1}{n}\right)^n \le \displaystyle\sum_{k=0}^{n}\frac{1}{k!}$ が成り立つ. さらに, $\displaystyle\sum_{k=0}^{n}\frac{1}{k!} < e$ が成り立つことが知られている. $a_n = \displaystyle\sum_{k=0}^{n}\frac{1}{k!}$ により数列 $\{a_n\}$ を定める.

Excel を用いて, a_7 の値を小数第7位を四捨五入して求めよ.

問題 3-5

「n を自然数とする. 極限 $\lim\limits_{n \to \infty}\left(1-\dfrac{1}{n^2}\right)^n$ を求めよ.」という問いに対して, 以下のように解答した.

$$\lim_{n \to \infty}\left(1-\frac{1}{n^2}\right)^n$$

$$=\lim_{n \to \infty}\left\{\left(1+\frac{1}{-n^2}\right)^{-n^2}\right\}^{-\frac{1}{n}} \qquad \cdots\cdots \text{ ①}$$

$$=\lim_{n \to \infty}e^{-\frac{1}{n}} \qquad\qquad\qquad \cdots\cdots \text{ ②}$$

$$=e^0=1 \qquad\qquad\qquad\qquad \cdots\cdots \text{ ③}$$

(1) この解答には不備がある. ①〜③のどの部分に, どのような不備が あるか, 説明せよ.

(2) 不備のない解答を作れ.

[問題 3-6]

関数 $f(x)$ が $x=a$ で微分可能であるとする. 曲線 $y=f(x)$ の $(a, f(a))$ における接線を利用して, $|x-a|$ が十分小さいとき

$$f(x) \doteqdot f'(a)(x-a)+f(a)$$

と近似する. これを 1 次近似という.

(1) $f(x)=\dfrac{1}{1-x}$ とする. 曲線 $y=f(x)$ の $(0, 1)$ における接線の方程式 $y=p(x)$ を求めよ. 可能であれば, 微分することなく求めてみよ.

$f(x)$ と 1 次近似 $p(x)$ の値を比較したい. 0 に近い数を x に代入しよう. 例えば, Excel のセルに「=1/(1-0.1)」と入力すると $f(0.1)$ の値が得られる. 必要に応じて小数第 7 位を四捨五入した値を次の表に入れよ.

x	0.1	-0.1	0.01	-0.01	0.001
$f(x)$					
$p(x)$					

(2) $g(x)=\dfrac{1}{1+x}$ とする. 曲線 $y=g(x)$ の $(0, 1)$ における接線の方程式 $y=q(x)$ を, 微分せずに求めよ.

(3) $h(x)=\dfrac{1}{1-x^2}$ とする. $h(x)$ の 1 次近似として適当なものを ⓪ ～ ② から選べ.

　⓪ $h(x)=f(x)g(x)$ より, 1 次近似の積 $p(x)q(x)$

　① $h(x)=f(x^2)$ より, 1 次近似に x^2 を代入した $p(x^2)$

　② x が十分 0 に近いとき, 無限等比級数を考えると

$$1+x^2+x^4+\cdots\cdots=h(x)$$

　　である. これは $1+0x+x^2+0x^3+x^4+\cdots\cdots$ と見なせて, 1 が
　　1 次近似である

|問題 3-7|

平均値の定理を利用して，自然対数の値を考えてみたい．

$f(x) = \log x \ (x > 0)$ とすると，微分可能で，$f'(x) = \dfrac{1}{x}$ である．平均値の定理より，$0 < a < b$ を満たす実数 a, b に対して，

$$\frac{\log b - \log a}{b - a} = \frac{1}{c} \ (a < c < b)$$

を満たす c が存在することが分かる．よって，

$$\frac{1}{b} < \frac{\log b - \log a}{b - a} < \frac{1}{a} \quad \cdots\cdots \ ①$$

が成り立つ．

(1) $\dfrac{1}{2} < \log 2 < 1$ が成り立つことを示せ．

　　両側の差が大きいから，近似値としては精度が低い．両端の 2 数の平均をとっても 0.75 で，$\log 2 = 0.6931471\cdots$ にあまり近くない．

(2) ①に $a = 2$, $b = e$ を代入することで，$\log 2$ を評価する不等式を作れ．また，e を 2.7 として，その両側の数の平均を計算し，$\log 2$ の値と比較せよ．値は，小数第 4 位を四捨五入せよ．

(3) ①に $a = 2$, $b = 3$ を代入することで，$\dfrac{1}{3} < \log \dfrac{3}{2} < \dfrac{1}{2}$ を得るが，精度は低い．①をうまく利用して，$\dfrac{13}{36} < \log \dfrac{3}{2} < \dfrac{11}{24}$ が成り立つことを示せ．また，$\log \dfrac{3}{2}$ の近似値として考えられる数値を挙げ，それを $\log \dfrac{3}{2}$ の値（Excel では「=LOG(1.5, EXP(1))」と入力すると表示される）と比較せよ．

[問題 3-8]

関数 $f(x)$, $g(x)$ を $f(x)=\dfrac{1}{x}$, $g(x)=\sqrt{x}$ で定め, $y=f(x)$, $y=g(x)$ のグラフをそれぞれ C, D と表す.

(1) 曲線 C, D は 2 次曲線である. C, D の点 $(1, 1)$ における接線の方程式を, 微分せずに求めたい. 接線の方程式を C, D の方程式と連立すると, 2 次方程式 $(x-1)^2=0$ が得られる. $(x-1)^2=0$ を変形することで, 接線の方程式を求めよ.

(2) 定義に従って微分係数 $f'(1)$, $g'(1)$ を求めよ.

(3) $xy=1$ および $y^2=x$ の両辺を x で微分することにより, $f'(x)$, $g'(x)$ を求めよ.

|問題 3-9|

微分可能でない例にも色々と種類がある.次の各極限を考えることで考察してみよう.

(1) 極限 $\displaystyle\lim_{h\to+0}\frac{\sqrt{0+h}-\sqrt{0}}{h}$ を考えることで,$y=\sqrt{x}$ の $x=0$ における微分可能性について考察せよ.

(2) 極限 $\displaystyle\lim_{h\to0}\frac{f(1+h)-f(1)}{h}$ を考えることで,$f(x)=|x^2-1|$ の $x=1$ における微分可能性について考察せよ.

(3) 関数 $g(x)$ を

$$g(x)=x\sin\left(\frac{1}{x}\right)\ (x\neq0),\ g(0)=0$$

で定める.$x\to0$ のとき $g(x)\to0$ であるから,連続関数である.$x=0$ における微分可能性について考えたい.

2つの数列 $\{a_n\}$,$\{b_n\}$ を

$$a_n=\frac{1}{n\pi}\ (n=1,\ 2,\ 3,\ \cdots\cdots)$$

$$b_n=\frac{2}{(4n-3)\pi}\ (n=1,\ 2,\ 3,\ \cdots\cdots)$$

で定める.$\displaystyle\lim_{n\to\infty}a_n=0$,$\displaystyle\lim_{n\to\infty}b_n=0$ である.

i) $g(a_n)$,$g(b_n)$ を求め,$\displaystyle\lim_{n\to\infty}\frac{g(a_n)-g(0)}{a_n}$,$\displaystyle\lim_{n\to\infty}\frac{g(b_n)-g(0)}{b_n}$ を求めよ.

ii) 極限 $\displaystyle\lim_{h\to0}\frac{g(0+h)-g(0)}{h}$ を考えることで,$g(x)$ の $x=0$ における微分可能性について考察せよ.

問題 3-10

関数 $f(x)$ において，極限 $\displaystyle\lim_{h\to 0}\frac{f(1+2h)-f(1-h)}{h}$ ...... ① について考える.

(1) 関数 $f(x)$ が $x=1$ で微分可能であるとき，極限値①は $3f'(1)$ である.その理由を考えよう.

> $y=f(x)$ のグラフ上の 2 点 $(1+2h,\ f(1+2h))$, $(1-h,\ f(1-h))$ を結ぶ直線の傾きが
>
> $$\frac{f(1+2h)-f(1-h)}{(1+2h)-(1-h)}=\frac{f(1+2h)-f(1-h)}{3h}$$
>
> である. $h\to 0$ のとき，2 点は $(1,\ f(1))$ に限りなく近づくから，この傾きは $f'(1)$ に収束する$_{②}$と考えられる. よって，①は $3f'(1)$ である.

下線部②は，結果として，解釈として正しいが，証明としては不十分である. 微分係数の定義に従って，極限値を求めよ.

(2) $f(x)=|x^2-1|$ とする. この $f(x)$ は $x=1$ で微分可能でない. 極限①について調べ，極限 $\displaystyle\lim_{h\to 0}\frac{f(1+h)-f(1-h)}{h}$ についても調べてみよ.

問題 3-11

微分可能な関数 $f(x)$ は逆関数 $g(x)$ をもつとする. 0 でない実数 $a,\ b,\ c$ について $f(a)=b$, $f'(a)=c$ が成り立つという. このとき，$g(x)$ に関して常に成り立つものとして適当なものを以下からすべて選べ.

⓪ $g(a)=b$ ① $g(a)=\dfrac{1}{b}$ ② $g(a)=-b$ ③ $g(a)=-\dfrac{1}{b}$

④ $g(b)=a$ ⑤ $g(b)=\dfrac{1}{a}$ ⑥ $g(b)=-a$ ⑦ $g(b)=-\dfrac{1}{a}$

ア $g'(a)=c$ イ $g'(a)=\dfrac{1}{c}$ ウ $g'(a)=-c$ エ $g'(a)=-\dfrac{1}{c}$

オ $g'(b)=c$ カ $g'(b)=\dfrac{1}{c}$ キ $g'(b)=-c$ ク $g'(b)=-\dfrac{1}{c}$

問題 3-12

次の各問に答えよ.

(1) $f(x)=e^x$ の導関数が $f'(x)=e^x$ であることを利用して, $g(x)=\log x$ の導関数 $g'(x)$ を求めよ.

(2) $f(x)=\sqrt[3]{x}$ は単調増加するから, 逆関数 $g(x)$ をもつ. $g(x)$ および $g'(x)$ を求め, それを利用して $f'(x)$ を求めよ. また, $f(x)$ が微分可能でないような x の値を求めよ.

問題 3-13

次の各問に答えよ.

(1) 前問 (2) で $\sqrt[3]{x}$ の導関数が $\dfrac{1}{3(\sqrt[3]{x})^2}$ であることを見た. 定義域は実数全体であるが, 導関数の定義域が $x \neq 0$ で, $x=0$ では微分可能でない. $f(x)=x^{\frac{1}{3}}$ という "分数乗" 表記にすると, 定義域は $x>0$ となる.

両辺が正の値であるから, 自然対数を考えて, $\log(f(x))=\dfrac{1}{3}\log x$ である. これを利用して, $f'(x)$ を求めよ.

(2) 積の微分の公式を利用して, 商の微分の公式を導きたい. 微分可能な関数 $f(x)$, $g(x)$ について, $y=\dfrac{g(x)}{f(x)}$ を微分せよ.

問題 3-14

関数 $f(x)$ の導関数 $f'(x)$ の符号を考えることで，$f(x)$ の増減を調べることがある．

(1) 実数全体で定義された関数 $f(x)$ を，$f(x)=[x]$ で定める．ここで $[x]$ は x 以下で最大の整数を表す．

  実数 a について，$x=a$ において $f(x)$ が微分可能である条件を求めよ．また，導関数 $f'(x)$ を求めよ．

(2) $x \neq 0$ で定義された関数 $f(x)$ を，$f(x)=\dfrac{1}{x}$ で定めると，$f(x)$ の導関数は $f'(x)=-\dfrac{1}{x^2}$ であり，定義域内のすべての x において $f'(x)<0$ である．この $f(x)$ について，「$f'(x)<0$ であるから $f(x)$ は単調減少である」という主張は正しいか，考察せよ．

問題 3-15

以下の極値の定義を確認し，続く問に答えよ．

> $f(x)$ は連続な関数とする．$x=a$ を含む十分小さい開区間において，"$x \neq a$ ならば $f(x)<f(a)$ $(f(x)>f(a))$" が成り立つとき，$f(x)$ は $x=a$ で極大（極小）であるといい，$f(a)$ を極大値（極小値）という．」

(1) $f(x)=|x^2-1|$ とする．$f(x)$ の極値を求めよ．

(2) $f(x)=\sin x - x\cos x$ とする．$f'(x)=x\sin x$ であり，$f'(0)=0$ である．$f(x)$ は $x=0$ で極値をとるか答えよ．

(3) $f(x)=x^3-3x$ は $x=1$ で極小値 $f(1)=-2$ をとる．$f(-2)=-2$ であるが，「$x=-2$ で極小値 $f(-2)=-2$ をとる」というか，考察せよ．

(4) $f(x)$ は微分可能であり，$x=a$ で極大値 $f(a)$ をとるとする．

  このとき，十分 0 に近い h について $\dfrac{f(a+h)-f(a)}{h}$ の符号を答えよ（ただし，h は 0 ではなく，正であるか負であるかは定まっていない）．

  また，$\displaystyle\lim_{h\to+0}\dfrac{f(a+h)-f(a)}{h}$，$\displaystyle\lim_{h\to-0}\dfrac{f(a+h)-f(a)}{h}$ を考えることで，$f'(a)$ の値を求めよ．

問題 3-16

平均値の定理について考えよう.「関数 $f(x)$ が閉区間 $[a, b]$ で連続で, 開区間 (a, b) で微分可能 ① ならば,

$$\frac{f(b)-f(a)}{b-a}=f'(c), \ a<c<b$$

を満たす実数 c が存在する」という定理である. 下線部 ① は, 定理の適用可能範囲をできるだけ広くするようにされているため, 少し分かりにくい.

$f(x)$ は, 微分可能ならば連続である. ゆえに, 閉区間 $[a, b]$ で微分可能 ② であれば ① である. ② の方が ① よりずっとシンプルである.

(1) $x \geqq 0$ で定義された関数 $f(x)=\sqrt{x}$, $a=0$, $b=1$ に対し,

$$\frac{f(b)-f(a)}{b-a}=f'(c), \ a<c<b$$

を満たす実数 c を求めよ.

　このの $f(x)$, a, b は ① を満たすか？また, ② を満たすか？

(2) 微分可能な関数 $f(x)$ と与えられた実数 c に対し, 実数 a, b で

$$\frac{f(b)-f(a)}{b-a}=f'(c), \ a<c<b$$

を満たすものは存在するか. 必ず存在するなら, そのことを示せ. 存在しない $f(x)$, c の組があるなら, そのような例を挙げよ.

問題 3-17

$x > 0$ において，$x - \dfrac{1}{6}x^3 < \sin x < x$ …… ① が成り立つことが知られている．x が正で十分 0 に近いとき，x^3 は極めて小さいから，

$$\sin x \fallingdotseq x \quad \text{……} \quad ②$$

と考えられる．これは，$\sin x$ を 1 次式で近似しているから 1 次近似という．直線 $y = x$ は $x = 0$ における $y = \sin x$ の接線である．$x = 0$ の周辺でグラフに最も近い直線は接線である．

本問では必要に応じて，電卓や Excel を用いて計算せよ．

（1） $\pi \fallingdotseq 3.141$ と②を用いて $\sin 2°$ の近似値を求めよ．

（2） $3.141 < \pi < 3.142$ と①を用いて，$\sin 2°$ の値に関する不等式を作れ．

ただし，小数第 5 位までのみの小数によって評価せよ．

問題 3-18

極限 $\displaystyle\lim_{x \to 0} \dfrac{x - \sin x}{x^3}$ は実数として存在することが知られている．$x \to 0$ のとき $f(x) \to 0$ となるどんな関数 $f(x)$ についても，$\displaystyle\lim_{x \to 0} \dfrac{f(x) - \sin f(x)}{f(x)^3}$ は

$\displaystyle\lim_{x \to 0} \dfrac{x - \sin x}{x^3}$ と同じ値である．その実数値を求めよ．

問題 3-19

平均値の定理の結論は $\dfrac{f(a+h)-f(a)}{h}=f'(c)$ $(a<c<a+h)$ となる c の存在であった. 平均変化率(傾き)を単純な形で書けることを保証する.

平均値の定理を用いると, 単調増加であることと $f'(x) \geqq 0$ であることの関係を確認することができる. 以下で, $f(x)$ は微分可能であるとする.

ここで, $a \leqq x \leqq b$ において $f(x)$ が単調増加であるとは, $a \leqq p < q \leqq b$ を満たす任意の p, q について $f(p) < f(q)$ が成り立つことをいう.

(1) $a \leqq x \leqq b$ において $f(x)$ が単調増加であるとき, $a < x < b$ において $f'(x) \geqq 0$ である. これを, 極限による導関数の定義に従って説明せよ.

(2) $a < x < b$ において $f'(x) > 0$ であるとき, $a \leqq x \leqq b$ において $f(x)$ は単調増加である. これを, 平均値の定理を用いて説明せよ.

[問題 3-20]

関数 $f(x)$ と導関数 $f'(x)$ の間に成り立つ関係式について考察する.

(1) $f(0)=3$ であり,すべての実数 x で

$$f'(x)=f(x) \quad \cdots\cdots \quad ①$$

が成り立つという.これを満たすものは $f(x)=3e^x$ のみである.これを証明するのに,関数 $g(x)=f(x)e^{-x}$ を考えると良い.$f(x)=3e^x$ であることを証明せよ.

(2) $-\dfrac{\pi}{2} \leqq x \leqq \dfrac{\pi}{2}$ で定義された連続関数 $f(x)$ は,$f(0)=1$,$f'(0)=0$

であり,$-\dfrac{\pi}{2}<x<\dfrac{\pi}{2}$ において

$$f''(x)=-f(x) \quad \cdots\cdots \quad ②$$

が成り立つという.このとき $f(x)=\cos x$ である.このことを証明するのに,関数

$$g(x)=\frac{f(x)}{\cos x} \left(-\frac{\pi}{2}<x<\frac{\pi}{2}\right)$$

を考える.導関数は $g'(x)=\dfrac{f'(x)\cos x+f(x)\sin x}{\cos^2 x}$ である.$g'(x)$ について考えるために,関数 $h(x)$ を以下で定める.

$$h(x)=f'(x)\cos x+f(x)\sin x$$

ⅰ) $h'(x)$ を求めよ.

ⅱ) $-\dfrac{\pi}{2}<x<\dfrac{\pi}{2}$ において $f(x)$ を求めよ.

ⅲ) $f\left(\dfrac{\pi}{2}\right)$,$\displaystyle\lim_{x\to\frac{\pi}{2}-0} f'(x)$ を求めよ.

解答・解説

問題 3-1

三角関数，指数関数，対数関数の微分を考えるための基本的な極限は

① $\displaystyle\lim_{x\to 0}\frac{\sin x}{x}=1$　② $\displaystyle\lim_{x\to 0}\frac{e^x-1}{x}=1$　③ $\displaystyle\lim_{x\to 0}\frac{\log(1+x)}{x}=1$

の3つである．次のそれぞれについて，適当なものを ⓪ ～ ⑧ から選べ．

　　⓪ $f'(0)=0$　　　① $f'(0)=1$　　　② $f'(0)=-1$

　　③ $f'(1)=0$　　　④ $f'(1)=1$　　　⑤ $f'(1)=-1$

　　⑥ $f'(-1)=0$　　⑦ $f'(-1)=1$　　⑧ $f'(-1)=-1$

(1)　$f(x)=\sin x$ とすると，①が表すのは　$\boxed{\ \ ア\ \ }$　である．

(2)　$f(x)=e^x$ とすると，②が表すのは　$\boxed{\ \ イ\ \ }$　である．

(3)　$f(x)=\log x$ とすると，③が表すのは　$\boxed{\ \ ウ\ \ }$　である．

【ヒント】

$\displaystyle\lim_{h\to 0}\frac{f(a+h)-f(a)}{h}$ が実数として存在するとき，その極限値を $f'(a)$ と書く．これが，$x=a$ における $f(x)$ の微分係数 $f'(a)$ の定義である．

　この観点がなかった人は，改めて考えてみよう！

【解答・解説】

(1)　　　　$\displaystyle\lim_{h\to 0}\frac{\sin(0+h)-\sin 0}{h}=\lim_{h\to 0}\frac{\sin h}{h}=1$

である．①は $f'(0)=1$ を表す（①）．

(2)　　　　$\displaystyle\lim_{h\to 0}\frac{e^{0+h}-e^0}{h}=\lim_{h\to 0}\frac{e^h-1}{h}=1$

である．②は $f'(0)=1$ を表す（①）．

(3)　　　　$\displaystyle\lim_{h\to 0}\frac{\log(1+h)-\log 1}{h}=\lim_{h\to 0}\frac{\log(1+h)}{h}=1$

である．③は $f'(1)=1$ を表す（④）．

[問題 3-2]

$y = 2^x$ の $x = 0$ における微分係数，つまり，$\displaystyle\lim_{h \to 0} \frac{2^h - 1}{h}$ について考える．

まず，0 に近い数を x に代入して数値計算してみよう．例えば，Excel のセルに「=(2^0.1−1)/0.1」と入力すると $h = 0.1$ のときの値が得られる．必要に応じて小数第 7 位を四捨五入した値を次の表に入れよ．

h	0.1	− 0.1	0.01	− 0.01	0.001
値					

$2 = e^a$ となる a を利用して，$\displaystyle\lim_{h \to 0} \frac{2^h - 1}{h}$ を求めよ．

【ヒント】

前問の②を使う方法を考えよう．

この観点がなかった人は，改めて考えてみよう！

【解答・解説】

h	0.1	− 0.1	0.01	− 0.01	0.001
値	0.717735	0.669670	0.695555	0.690750	0.693387

$2 = e^a$ となるのは $a = \log 2$ である．前問②の h に $(\log 2)h$ を代入する．

$$\lim_{h \to 0} \frac{2^h - 1}{h} = \lim_{h \to 0} \frac{e^{(\log 2)h} - 1}{h} = \lim_{h \to 0} \log 2 \cdot \frac{e^{(\log 2)h} - 1}{(\log 2)h}$$
$$= \log 2 \cdot 1 = \log 2$$

■

※ $\log 2 = 0.6931471\cdots\cdots$ は $y = 2^x$ の $(0,\ 1)$ における接線の傾きで，図から分かるように，

$\dfrac{2^h - 1}{h} < \log 2 \ (h < 0)$, $\dfrac{2^h - 1}{h} > \log 2 \ (h > 0)$

である．

$\log 2$ の値は Excel で「=LOG(2, EXP(1))」と入力すると表示される．

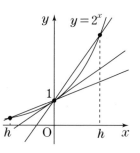

99

問題 3-3

前問で $\log 2 = 0.6931471\cdots$ であることを紹介した.

$\log 2 = 0.6931$ とし,以下の常用対数表を利用して,次の問いに答えよ (表の値は正確なものであるとせよ).小数第 5 位を四捨五入せよ.

(1) $\log_{10} e$ の値を求めよ.

(2) (1) で得た値を用いて e の値を求めよ.

常用対数表

数	0	1	2	3	4	5	6	7	8	9
1.0	0.0000	0.0043	0.0086	0.0128	0.0170	0.0212	0.0253	0.0294	0.0334	0.0374
1.1	0.0414	0.0453	0.0492	0.0531	0.0569	0.0607	0.0645	0.0682	0.0719	0.0755
1.2	0.0792	0.0828	0.0864	0.0899	0.0934	0.0969	0.1004	0.1038	0.1072	0.1106
1.3	0.1139	0.1173	0.1206	0.1239	0.1271	0.1303	0.1335	0.1367	0.1399	0.1430
1.4	0.1461	0.1492	0.1523	0.1553	0.1584	0.1614	0.1644	0.1673	0.1703	0.1732
1.5	0.1761	0.1790	0.1818	0.1847	0.1875	0.1903	0.1931	0.1959	0.1987	0.2014
1.6	0.2041	0.2068	0.2095	0.2122	0.2148	0.2175	0.2201	0.2227	0.2253	0.2279
1.7	0.2304	0.2330	0.2355	0.2380	0.2405	0.2430	0.2455	0.2480	0.2504	0.2529
1.8	0.2553	0.2577	0.2601	0.2625	0.2648	0.2672	0.2695	0.2718	0.2742	0.2765
1.9	0.2788	0.2810	0.2833	0.2856	0.2878	0.2900	0.2923	0.2945	0.2967	0.2989
2.0	0.3010	0.3032	0.3054	0.3075	0.3096	0.3118	0.3139	0.3160	0.3181	0.3201
2.1	0.3222	0.3243	0.3263	0.3284	0.3304	0.3324	0.3345	0.3365	0.3385	0.3404
2.2	0.3424	0.3444	0.3464	0.3483	0.3502	0.3522	0.3541	0.3560	0.3579	0.3598
2.3	0.3617	0.3636	0.3655	0.3674	0.3692	0.3711	0.3729	0.3747	0.3766	0.3784
2.4	0.3802	0.3820	0.3838	0.3856	0.3874	0.3892	0.3909	0.3927	0.3945	0.3962
2.5	0.3979	0.3997	0.4014	0.4031	0.4048	0.4065	0.4082	0.4099	0.4116	0.4133
2.6	0.4150	0.4166	0.4183	0.4200	0.4216	0.4232	0.4249	0.4265	0.4281	0.4298
2.7	0.4314	0.4330	0.4346	0.4362	0.4378	0.4393	0.4409	0.4425	0.4440	0.4456
2.8	0.4472	0.4487	0.4502	0.4518	0.4533	0.4548	0.4564	0.4579	0.4594	0.4609
2.9	0.4624	0.4639	0.4654	0.4669	0.4683	0.4698	0.4713	0.4728	0.4742	0.4757
3.0	0.4771	0.4786	0.4800	0.4814	0.4829	0.4843	0.4857	0.4871	0.4886	0.4900

【ヒント】

常用対数表には,10 を底とする対数の値を小数第 5 位で四捨五入したものが載っている.左端の数が真数の小数第 1 位まで,上端の数が小数第 2 位である.表に載っていない数値は,載っている 2 数の間を 1 次式でつないで近似値を求めよ.

この観点がなかった人は,改めて考えてみよう!

【解答・解説】

（1）
$$\log 2 = \log_e 2 = \frac{\log_{10} 2}{\log_{10} e}$$

$$0.6931 = \frac{0.3010}{\log_{10} e}$$

より，

$$\log_{10} e = \frac{0.3010}{0.6931} = 0.43428\cdots\cdots$$

である．四捨五入すると 0.4343 である．

（2）常用対数表の中では，

$$\log_{10} 2.71 = 0.4330,\ \log_{10} 2.72 = 0.4346$$

の間にある．$e = 2.71 + \dfrac{a}{100}$ $(0 < a < 1)$ とおく．

A(2.71, 0.4330)，B(2.72, 0.4346) を通る直線で，$x = 2.71 + \dfrac{a}{100}$ の点は，線分 AB を $a:1-a$ に内分する点であるから，y 座標は

$$(1-a)\cdot 0.4330 + a\cdot 0.4346 = 0.4330 + 0.0016a$$

である．これが，$\log_{10} e$ の近似値となる．

$$0.4330 + 0.0016a = 0.4343$$

$$a = \frac{0.0013}{0.0016} = 0.8125$$

となる．よって，e の近似値 2.718125 を得て，四捨五入すると 2.7181 である．

∎

※　$e = 2.718281828\cdots\cdots$ である．小数第 3 位までは一致している．

問題 3-2 の補足で既出の通り，e の値は「=EXP(1)」と入力すると表示される．$e^x = \exp(x)$ と書くことがあるが，その表記が用いられている．

$$\lim_{x \to 0} \frac{\log(1+x)}{x} = 1 \quad \cdots\cdots ① \quad \text{を利用して}, e \text{の値を求めることを考える}.$$

(1) ①を利用して, $\lim_{x \to 0}(1+x)^{\frac{1}{x}}$, $\lim_{x \to +\infty}\left(1+\dfrac{1}{x}\right)^x$, $\lim_{x \to -\infty}\left(1+\dfrac{1}{x}\right)^x$ を求めよ.

(2) $f(x) = (1+x)^{\frac{1}{x}}$ とおく. 0 に近い数を x に代入し数値計算しよう. 例えば, Excel のセルに「=(1+0.1)^(1/0.1)」と入力すると $f(0.1)$ の値が得られる. 必要に応じて小数第7位を四捨五入した値を次の表に入れよ.

x	0.1	-0.1	0.01	-0.01	0.001
$f(x)$					

$e = 2.718281828 \cdots\cdots$ に近いが, $x > 0$ なら e より小さく, $x < 0$ なら e より大きい. そこで, $f(0.1)$ と $f(-0.1)$ の平均, $f(0.01)$ と $f(-0.01)$ の平均を計算し, e の値と比較してみよ.

(3) n を自然数として, $\lim_{n \to \infty}\left(1+\dfrac{1}{n}\right)^n$ を考える. 第 n 項を展開すると

$$\left(1+\frac{1}{n}\right)^n = \sum_{k=0}^{n} \frac{{}_n C_k}{n^k}$$

となる. 自然数 n と $0 \leq k \leq n$ を満たす整数 k について, $\dfrac{{}_n C_k}{n^k} \leq \dfrac{1}{k!}$ が成り立つことを示せ. ただし, $0! = 1$ である.

(4) (3)により, $\left(1+\dfrac{1}{n}\right)^n \leq \sum_{k=0}^{n} \dfrac{1}{k!}$ が成り立つ. さらに, $\sum_{k=0}^{n} \dfrac{1}{k!} < e$ が成り立つことが知られている. $a_n = \sum_{k=0}^{n} \dfrac{1}{k!}$ により数列 $\{a_n\}$ を定める.

Excel を用いて, a_7 の値を小数第7位を四捨五入して求めよ.

【ヒント】

(1)は, 適当に変数を置き換えてみよ.

(3)は, ${}_n C_k$ を階乗を用いて表してみよ. $k!$ 以外の部分の処理を考えよう. この観点がなかった人は, 改めて考えてみよう!

【解答・解説】

(1) ①より，

$$\lim_{x \to 0} \frac{\log(1+x)}{x} = \lim_{x \to 0} \log(1+x)^{\frac{1}{x}} = 1$$

$$\therefore \quad \lim_{x \to 0}(1+x)^{\frac{1}{x}} = \lim_{x \to 0} e^{\log(1+x)^{\frac{1}{x}}} = e^1 = e$$

である．これは，右極限と左極限がともに e であることをいっている．

右極限，左極限のそれぞれにおいて，$t = \dfrac{1}{x}$ とおくと

$$\lim_{x \to +0}(1+x)^{\frac{1}{x}} = \lim_{t \to +\infty}\left(1+\frac{1}{t}\right)^{t} = e$$

$$\lim_{x \to -0}(1+x)^{\frac{1}{x}} = \lim_{t \to -\infty}\left(1+\frac{1}{t}\right)^{t} = e$$

(2)

x	0.1	-0.1	0.01	-0.01	0.001
$f(x)$	2.593742	2.867972	2.704814	2.731999	2.716924

$f(0.1)$ と $f(-0.1)$ の平均は 2.730857，$f(0.01)$ と $f(-0.01)$ の平均は 2.718406 で，表の値よりもかなり $e = 2.718281828\cdots$ に近くなる．

(3)
$$\frac{{}_n\mathrm{C}_k}{n^k} = \frac{1}{n^k} \cdot \frac{n!}{k!(n-k)!} = \frac{n(n-1)\cdots(n-k+1)}{n^k} \cdot \frac{1}{k!}$$

$$= \frac{n}{n} \cdot \frac{n-1}{n} \cdot \cdots \cdots \cdot \frac{n-k+1}{n} \cdot \frac{1}{k!} \leqq \frac{1}{k!}$$

である．

(4)「=1/FACT(0)」，「=1/FACT(1)」，……，「=1/FACT(7)」を，例えば A1，A2，……，A8 のセルに入力し，A9 のセルに「=SUM(A1:A8)」と入力せよ．すると，2.718254 が出力される．これが求めるものである．

■

※ Excel を用いると，このように e の値を概算できる．$\{a_n\}$ は収束が速い．第 7 項で 2.718254 である．一方，$\lim_{n \to \infty}\left(1+\dfrac{1}{n}\right)^{n} = e$ は遅い．(2) の表を見ると，第 1000 項でやっと 2.716924 である．

もう 1 問，e についてやっておこう．

問題 3-5

「n を自然数とする. 極限 $\displaystyle\lim_{n\to\infty}\left(1-\frac{1}{n^2}\right)^n$ を求めよ.」という問いに対して,
以下のように解答した.

$$
\begin{aligned}
&\lim_{n\to\infty}\left(1-\frac{1}{n^2}\right)^n \\
&=\lim_{n\to\infty}\left\{\left(1+\frac{1}{-n^2}\right)^{-n^2}\right\}^{-\frac{1}{n}} \qquad \cdots\cdots ① \\
&=\lim_{n\to\infty}e^{-\frac{1}{n}} \qquad\qquad\qquad\;\; \cdots\cdots ② \\
&=e^0=1 \qquad\qquad\qquad\qquad\; \cdots\cdots ③
\end{aligned}
$$

(1) この解答には不備がある. ①~③のどの部分に, どのような不備が
   あるか, 説明せよ.
(2) 不備のない解答を作れ.

【ヒント】

前問で $\displaystyle\lim_{x\to-\infty}\left(1+\frac{1}{x}\right)^x=e$ を確認したので, $\displaystyle\lim_{n\to\infty}\left(1+\frac{1}{-n^2}\right)^{-n^2}=e$ は問題

ない. e^x の連続性を用いる部分も問題ない.

(2)では,「指数に変数が入っている」という観点で考えることができる.
あるいは,「括弧内が2乗の"差"になっている」点に注目しても良い.

この観点がなかった人は, 改めて考えてみよう!

【解答・解説】

(1) 不備があるのは②である. $\displaystyle\lim_{n\to\infty}\left(1+\frac{1}{-n^2}\right)^{-n^2}=e$ を用いて部分的に極

限を計算している. このような計算は許されない.

しかも, 問題 2-15 で見たように「$\displaystyle\lim_{n\to\infty}a_n=\alpha$, $\displaystyle\lim_{n\to\infty}b_n=\beta$ であって,

$a_n>0$ で数列 $\{(a_n)^{b_n}\}$ を定義することができても, $\displaystyle\lim_{n\to\infty}\left((a_n)^{b_n}\right)=\alpha^\beta$

としてはならない」のであった.

(2) 【対数をとる解法】

正の値だから対数をとって考える.

$$\lim_{n\to\infty}\log\Big(1-\frac{1}{n^2}\Big)^n=\lim_{n\to\infty}\frac{1}{-n}\log\Big(1+\frac{1}{-n^2}\Big)^{-n^2}$$

$$=0\cdot\log e=0$$

$$\therefore\quad\lim_{n\to\infty}\Big(1-\frac{1}{n^2}\Big)^n=\lim_{n\to\infty}e^{\log\left(1-\frac{1}{n^2}\right)^n}=e^0=1$$

である.

【積を作る解法】

$1-\dfrac{1}{n^2}=\Big(1+\dfrac{1}{n}\Big)\Big(1-\dfrac{1}{n}\Big)$ であるから,

$$\lim_{n\to\infty}\Big(1-\frac{1}{n^2}\Big)^n=\lim_{n\to\infty}\Big(1+\frac{1}{n}\Big)^n\Big(1-\frac{1}{n}\Big)^n$$

とできる.

$$\lim_{n\to\infty}\Big(1+\frac{1}{n}\Big)^n=e$$

$$\lim_{n\to\infty}\Big(1-\frac{1}{n}\Big)^n=\lim_{n\to\infty}\frac{1}{\Big(1+\frac{1}{-n}\Big)^{-n}}=\frac{1}{e}$$

より,

$$\lim_{n\to\infty}\Big(1-\frac{1}{n^2}\Big)^n=e\cdot\frac{1}{e}=1$$

である.

■

※ $\lim_{n\to\infty}\Big(1+\dfrac{1}{n^2}\Big)^n$ であれば,対数をとる解法になる.極限値は1である.

関数 $f(x)$ が $x=a$ で微分可能であるとする. 曲線 $y=f(x)$ の $(a,\ f(a))$ における接線を利用して, $|x-a|$ が十分小さいとき

$$f(x) \fallingdotseq f'(a)(x-a)+f(a)$$

と近似する. これを 1 次近似という.

(1) $f(x)=\dfrac{1}{1-x}$ とする. 曲線 $y=f(x)$ の $(0,\ 1)$ における接線の方程式 $y=p(x)$ を求めよ. 可能であれば, 微分することなく求めてみよ.

$f(x)$ と 1 次近似 $p(x)$ の値を比較したい. 0 に近い数を x に代入しよう. 例えば, Excel のセルに「=1/(1−0.1)」と入力すると $f(0.1)$ の値が得られる. 必要に応じて小数第 7 位を四捨五入した値を次の表に入れよ.

x	0.1	-0.1	0.01	-0.01	0.001
$f(x)$					
$p(x)$					

(2) $g(x)=\dfrac{1}{1+x}$ とする. 曲線 $y=g(x)$ の $(0,\ 1)$ における接線の方程式 $y=q(x)$ を, 微分せずに求めよ.

(3) $h(x)=\dfrac{1}{1-x^2}$ とする. $h(x)$ の 1 次近似として適当なものを ⓪ ~ ② から選べ.

    ⓪ $h(x)=f(x)g(x)$ より, 1 次近似の積 $p(x)q(x)$

    ① $h(x)=f(x^2)$ より, 1 次近似に x^2 を代入した $p(x^2)$

    ② x が十分 0 に近いとき, 無限等比級数を考えると

        $1+x^2+x^4+\cdots\cdots = h(x)$

    である. これは $1+0x+x^2+0x^3+x^4+\cdots\cdots$ と見なせて, 1 が 1 次近似である

【ヒント】

1 次近似は 1 次式での近似である.（3）で, 2 次近似などは適当ではない. この観点がなかった人は, 改めて考えてみよう！

【解答・解説】

(1) $f'(x) = \dfrac{1}{(1-x)^2}$ であるから，$f'(0) = 1$ であり，接線は $y = x + 1$．

$p(x) = x + 1$ である．これを微分せずに求める．

① 曲線 $y = f(x)$ は，曲線 $C : y = -\dfrac{1}{x}$ を x 軸方向に 1 だけ平行移動したものである．C の $(-1,\ 1)$ が $(0,\ 1)$ に移る．$(-1,\ 1)$ は C の頂点であるから，接線の傾きは 1 である．よって，求める接線の傾きも 1 である (以下省略)．

② x が十分 0 に近いとき，無限等比級数を考えると
$$1 + x + x^2 + x^3 + \cdots\cdots = f(x)$$

これの 1 次式部分 $1 + x$ が接線 $y = 1 + x$ を表す．実際，$y = f(x)$ と $y = 1 + x$ を連立して，y を消去すると，
$$1 + x = \frac{1}{1-x} \qquad 1 - x^2 = 1 \qquad \therefore \quad x^2 = 0$$

となり，$x = 0$ で接していることが分かる．

x	0.1	-0.1	0.01	-0.01	0.001
$f(x)$	1.111111	0.909091	1.010101	0.990099	1.001001
$p(x)$	1.1	0.9	1.01	0.99	1.001

(2) $g(x) = f(-x)$ より，曲線 $y = g(x)$ は曲線 $y = f(x)$ を y 軸に関して対称移動したものである．よって，接線は $y = 1 - x$ である．

(3) 曲線 $y = h(x)$ の $(0,\ 1)$ における接線が $y = 1$ であるから，$h(x) \fallingdotseq 1$ が 1 次近似であり，② が適当である．

∎

※　⓪　$f(x) \fallingdotseq p(x) = 1 + x$，$g(x) \fallingdotseq q(x) = 1 - x$ だからといって
$$h(x) \fallingdotseq p(x)q(x) = (1 + x)(1 - x) = 1 - x^2$$

とすると，$\dfrac{1}{1-x^2} \fallingdotseq 1 - x^2$ という奇妙な近似になる．

① $h(x) \fallingdotseq 1 + x^2$ は，2 次近似であれば正しい．しかし，1 次近似ではない．

② 無限等比級数からは ① で見た 2 次近似も分かる．

[問題 3-7]

平均値の定理を利用して，自然対数の値を考えてみたい．

$f(x) = \log x \ (x > 0)$ とすると，微分可能で，$f'(x) = \dfrac{1}{x}$ である．平均値の定理より，$0 < a < b$ を満たす実数 a, b に対して，

$$\frac{\log b - \log a}{b - a} = \frac{1}{c} \ (a < c < b)$$

を満たす c が存在することが分かる．よって，

$$\frac{1}{b} < \frac{\log b - \log a}{b - a} < \frac{1}{a} \quad \cdots\cdots \quad \text{①}$$

が成り立つ．

(1)　$\dfrac{1}{2} < \log 2 < 1$ が成り立つことを示せ．

　　両側の差が大きいから，近似値としては精度が低い．両端の 2 数の平均をとっても 0.75 で，$\log 2 = 0.6931471\cdots\cdots$ にあまり近くない．

(2)　①に $a = 2$, $b = e$ を代入することで，$\log 2$ を評価する不等式を作れ．また，e を 2.7 として，その両側の数の平均を計算し，$\log 2$ の値と比較せよ．値は，小数第 4 位を四捨五入せよ．

(3)　①に $a = 2$, $b = 3$ を代入することで，$\dfrac{1}{3} < \log\dfrac{3}{2} < \dfrac{1}{2}$ を得るが，精度は低い．①をうまく利用して，$\dfrac{13}{36} < \log\dfrac{3}{2} < \dfrac{11}{24}$ が成り立つことを示せ．また，$\log\dfrac{3}{2}$ の近似値として考えられる数値を挙げ，それを $\log\dfrac{3}{2}$ の値（Excel では「=LOG(1.5, EXP(1))」と入力すると表示される）と比較せよ．

【ヒント】

　(3) の両端の分数は，いずれも 2 つの単位分数（つまり分子が 1 の分数）の和になっている．それを手がかりに①を 2 回使ってみよ．

　この観点がなかった人は，改めて考えてみよう！

【解答・解説】

(1) ①で $a=1$, $b=2$ とすると $\dfrac{1}{2}<\log 2<1$ を得る.

(2) ①で $a=2$, $b=e$ とすると

$$\frac{1}{e}<\frac{1-\log 2}{e-2}<\frac{1}{2} \quad \therefore\ 2-\frac{e}{2}<\log 2<\frac{2}{e}$$

を得る. e を 2.7 として両端の平均をとると,

$$\frac{1}{2}\left(2-\frac{2.7}{2}+\frac{2}{2.7}\right)=\frac{1.3\cdot 2.7+4}{2\cdot 5.4}=\frac{7.51}{10.8}=0.695370\cdots\cdots$$

である. 小数第4位を四捨五入すると 0.695 で, 真の値 $0.6931471\cdots\cdots$ と小数第2位まで一致している.

(3) $13=4+9$, $36=4\cdot 9$ であるから, $\dfrac{13}{36}=\dfrac{1}{4}+\dfrac{1}{9}$ である. 同じように

考えて, $\dfrac{11}{24}=\dfrac{1}{3}+\dfrac{1}{8}$ である. ①にどんな a, b を代入しているかを考

えると, $a=8$, $b=9$ と $a=3$, $b=4$ を見出すことができる.

$$\frac{1}{9}<\log 9-\log 8<\frac{1}{8},\ \frac{1}{4}<\log 4-\log 3<\frac{1}{3}$$

の2つの各辺を加えていくことで

$$\frac{1}{9}+\frac{1}{4}<\log 9-\log 8+\log 4-\log 3<\frac{1}{8}+\frac{1}{3}$$

$$\frac{13}{36}<\log\frac{9\cdot 4}{8\cdot 3}<\frac{11}{24} \quad \therefore\ \frac{13}{36}<\log\frac{3}{2}<\frac{11}{24}$$

を得る. $\log\dfrac{3}{2}$ の近似値として, 両端の平均をとると

$$\frac{1}{2}\left(\frac{13}{36}+\frac{11}{24}\right)=\frac{1}{2}\cdot\frac{13\cdot 2+11\cdot 3}{12\cdot 3\cdot 2}=\frac{59}{144}=0.409722\cdots\cdots$$

である. 真の値 $\log\dfrac{3}{2}=0.40546\cdots\cdots$ とは小数第2位まで一致している.

∎

※ 平均をとると誤差を小さくでき, 実用上は有効であるが, あまり数学
的とは言えない!誤差の評価を明示していないからである. **問題 3-4** で
も平均をとって精度の良い近似を得た.

関数 $f(x),\ g(x)$ を $f(x)=\dfrac{1}{x},\ g(x)=\sqrt{x}$ で定め, $y=f(x),\ y=g(x)$ のグラフをそれぞれ $C,\ D$ と表す.

(1) 曲線 $C,\ D$ は 2 次曲線である. $C,\ D$ の点 $(1,\ 1)$ における接線の方程式を, 微分せずに求めたい. 接線の方程式を $C,\ D$ の方程式と連立すると, 2 次方程式 $(x-1)^2=0$ が得られる. $(x-1)^2=0$ を変形することで, 接線の方程式を求めよ.

(2) 定義に従って微分係数 $f'(1),\ g'(1)$ を求めよ.

(3) $xy=1$ および $y^2=x$ の両辺を x で微分することにより, $f'(x),\ g'(x)$ を求めよ.

【ヒント】

直接は微分をせずに, 微分に関わる計算を実行してみよう.

(1)は, 問題 3-6(1)②の解法を, 逆にたどってみよう. $(x-1)^2=0$ を変形して $f(x)=ax+b$ という形を作れないだろうか.

(2)は極限を用いた定義に従って微分係数を求めよう. 微分可能であることを示す流れにしよう. 詳しくは次の問題で.

(3)は, いわゆる陰関数の微分である. y は $f(x)$(または $g(x)$)のことで, 微分可能であることを認めて, 両辺を x で微分せよ.

$$(xy)'=y+xy',\ (y^2)'=2yy'$$

である. また, 一般に, 2 つの関数 $a(x),\ b(x)$ が同一であるとき, 導関数は同じである. つまり,

$$a(x)=b(x)\quad のとき,\quad a'(x)=b'(x)$$

である (ここでの等号は, 関数として等しい, という意味である. つまり, 定義域内のすべての x について等号が成り立つ, という意味である).

この観点がなかった人は, 改めて考えてみよう!

【解答・解説】

(1) $(x-1)^2=0$ を変形すると

$$x^2 - 2x + 1 = 0 \quad \therefore \quad x - 2 + \frac{1}{x} = 0 \quad \therefore \quad \frac{1}{x} = -x + 2$$

であるから，C の $(1, 1)$ における接線は $y = -x + 2$ である．また，

$$x^2 + 2x + 1 = 4x \quad \therefore \quad \left(\frac{x+1}{2}\right)^2 = x \quad \therefore \quad \left|\frac{x+1}{2}\right| = \sqrt{x}$$

であるから，D の $(1, 1)$ における接線は $y = \dfrac{x+1}{2}$ である．

(2) $\quad \displaystyle\lim_{h \to 0}\frac{f(1+h)-f(1)}{h} = \lim_{h \to 0}\frac{\frac{1}{1+h}-\frac{1}{1}}{h} = \lim_{h \to 0}\frac{-1}{1+h} = -1$

$\therefore \quad f'(1) = -1$

$\displaystyle\lim_{h \to 0}\frac{\sqrt{1+h}-1}{h} = \lim_{h \to 0}\frac{1}{\sqrt{1+h}+1} = \frac{1}{2}$

$\therefore \quad g'(1) = \dfrac{1}{2}$

(3) $y = f(x)$ は $xy = 1$ を満たす．両辺を x で微分すると

$$1 \cdot y + x \cdot y' = 0 \quad \therefore \quad f'(x) = y' = -\frac{y}{x} = -\frac{1}{x^2}$$

$y = g(x)$ は $y^2 = x$ を満たす．両辺を x で微分すると

$$2yy' = 1 \quad \therefore \quad g'(x) = y' = \frac{1}{2y} = \frac{1}{2\sqrt{x}}$$

∎

※ 通常のように導関数の公式を用いると，

$$f'(x) = -\frac{1}{x^2}, \ g'(x) = \frac{1}{2\sqrt{x}}$$

$$\therefore \quad f'(1) = -1, \ g'(1) = \frac{1}{2}$$

である．もちろん，解答と一致している．

$f(x)$ の定義域は $x \neq 0$ である．だから，(3) で両辺を x で割っても構わない．$f(x)$ は $x \neq 0$ で微分可能である．

一方，$g(x)$ の定義域は $x \geqq 0$ である．値域は $y \geqq 0$ である．(3) で両辺を y で割ったが，この計算ができるのは，$x > 0$ のときだけである．次の問題で $x = 0$ における微分可能性について考察しよう．

$\boxed{\text{問題 3-9}}$

微分可能でない例にも色々と種類がある．次の各極限を考えることで考察してみよう．

（1）極限 $\displaystyle\lim_{h\to +0}\frac{\sqrt{0+h}-\sqrt{0}}{h}$ を考えることで，$y=\sqrt{x}$ の $x=0$ における微分可能性について考察せよ．

（2）極限 $\displaystyle\lim_{h\to 0}\frac{f(1+h)-f(1)}{h}$ を考えることで，$f(x)=|x^2-1|$ の $x=1$ における微分可能性について考察せよ．

（3）関数 $g(x)$ を

$$g(x)=x\sin\left(\frac{1}{x}\right)\ (x\neq 0),\ g(0)=0$$

で定める．$x\to 0$ のとき $g(x)\to 0$ であるから，連続関数である．$x=0$ における微分可能性について考えたい．

2つの数列 $\{a_n\}$, $\{b_n\}$ を

$$a_n=\frac{1}{n\pi}\ (n=1,\,2,\,3,\,\cdots\cdots)$$

$$b_n=\frac{2}{(4n-3)\pi}\ (n=1,\,2,\,3,\,\cdots\cdots)$$

で定める．$\displaystyle\lim_{n\to\infty}a_n=0$, $\displaystyle\lim_{n\to\infty}b_n=0$ である．

ⅰ）$g(a_n)$, $g(b_n)$ を求め，$\displaystyle\lim_{n\to\infty}\frac{g(a_n)-g(0)}{a_n}$, $\displaystyle\lim_{n\to\infty}\frac{g(b_n)-g(0)}{b_n}$ を求めよ．

ⅱ）極限 $\displaystyle\lim_{h\to 0}\frac{g(0+h)-g(0)}{h}$ を考えることで，$g(x)$ の $x=0$ における微分可能性について考察せよ．

【ヒント】

（1）は $y=\sqrt{x}$ の定義域が $x\geqq 0$ であるから，右側極限のみを考えている．

（2）は $x<1$ と $1<x$ で分けて考える必要がある．右側極限と左側極限を考えてみよう．

(3)の $y=g(x)$ は右のようなグラフで，正確に描くことはできない．

極限値 $\displaystyle\lim_{h\to0}\frac{g(0+h)-g(0)}{h}$ が存在するのは，$h\to0$ のとき，どのように 0 に近づけてもある 1 つの実数値に限りなく近づくときである．

各小問で，極限が実数値として存在するとき，それを微分係数といい，その点において関数は微分可能という．そうでないとき，$f'(1)$ などは存在せず，$f'(1)$ を式の中に書くことしない．

この観点がなかった人は，改めて考えてみよう！

【解答・解説】

（1）　　　　$\displaystyle\lim_{h\to+0}\frac{\sqrt{0+h}-\sqrt{0}}{h}=\lim_{h\to+0}\frac{1}{\sqrt{h}}=\infty$

実数値として存在しないから，$y=\sqrt{x}$ は $x=0$ で微分可能でない．

（2）　　　　$\displaystyle\lim_{h\to+0}\frac{f(1+h)-f(1)}{h}=\lim_{h\to+0}\frac{\{(1+h)^2-1\}-0}{h}$
$\displaystyle\qquad\qquad=\lim_{h\to+0}(2+h)=2$
$\displaystyle\lim_{h\to-0}\frac{f(1+h)-f(1)}{h}=\lim_{h\to-0}\frac{\{1-(1+h)^2\}-0}{h}$
$\displaystyle\qquad\qquad=\lim_{h\to-0}(-2-h)=-2$

$\displaystyle\lim_{h\to0}\frac{f(1+h)-f(1)}{h}$ が存在せず，$f(x)$ は $x=1$ で微分可能でない．

（3）　ⅰ）　　$\sin n\pi=0,\ \sin\left(\dfrac{(4n-3)\pi}{2}\right)=1$

より，

$$g(a_n)=0,\ g(b_n)=b_n=\frac{2}{(4n-3)\pi}$$

$\therefore\ \displaystyle\lim_{n\to\infty}\frac{g(a_n)-g(0)}{a_n}=\lim_{n\to\infty}0=0,\ \lim_{n\to\infty}\frac{g(b_n)-g(0)}{b_n}=\lim_{n\to\infty}1=1$

ⅱ）　$\displaystyle\lim_{n\to\infty}a_n=0,\ \lim_{n\to\infty}b_n=0$ である．ⅰ）より，$h\to0$ のとき，近づけ方

によって$\dfrac{g(0+h)-g(0)}{h}$の近づく値が異なる.

よって,極限$\displaystyle\lim_{h\to 0}\dfrac{g(0+h)-g(0)}{h}$は存在しない.$g(x)$は$x=0$において微分可能でない.

∎

※ (1),(2),(3)のどれも微分可能でなかったが,状況は異なっている.

(1)は,$\displaystyle\lim_{h\to +0}\dfrac{\sqrt{0+h}-\sqrt{0}}{h}=\infty$で,原点Oにおいて縦線$x=0$に接している.$x\geqq 0$で定義される関数$y=\sqrt{x}$は,公式を使って微分でき,

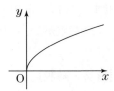

$$y'=\dfrac{1}{2\sqrt{x}}$$

である.導関数の定義域は$x>0$で,$x=0$では微分できない.微分可能でないものは身近に存在しているのである.

(2)は,$y=x^2-1$の$(1,\ 0)$における接線の傾き2と,$y=1-x^2$の$(1,\ 0)$における接線の傾き-2が一致しないため,$x=1$において微分可能でない.右側極限と左側極限は存在するが,不一致であるため,極限は存在しない.$f(x)=|x^2-1|$であるが,導関数はどうなるだろう?そのまま微分して

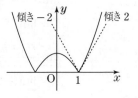

$$\cancel{f'(x)=|2x|}$$

とすることは許されない.$x=1$と$x=-1$で微分可能でない.$-1<x<1$においては

$$f(x)=1-x^2 \qquad \therefore \quad f'(x)=-2x$$

$x<-1,\ 1<x$においては

$$f(x)=x^2-1 \qquad \therefore \quad f'(x)=2x$$

である.

（3）は，両側それぞれの接線すら存在しない．

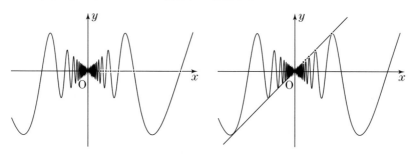

$y=g(x)$ のグラフ上で，$x=a_n$ $(n=1,\ 2,\ 3,\ \cdots\cdots)$ の点だけを見ていくと，すべて x 軸上にあって，

$$\lim_{n\to\infty}\frac{g(a_n)-g(0)}{a_n}=0$$

である．また，$x=b_n$ $(n=1,\ 2,\ 3,\ \cdots\cdots)$ の点だけを見ていくと，すべて直線 $y=x$ 上にあって，

$$\lim_{n\to\infty}\frac{g(b_n)-g(0)}{b_n}=1$$

$y=g(x)$ のグラフでは，原点における接線は存在しない．極限が1つに決まらないからである．

※　微分可能であるかどうかを議論するときの注意点を挙げておく．

例えば，$f(x)$ の $x=1$ での微分可能性を調べたいとする．その際に，$\displaystyle\lim_{h\to0}\frac{f(1+h)-f(1)}{h}$ が実数として存在するか考える．収束するときは，極限値を微分係数といい，$f'(1)$ と表すことができる．一般には収束するかどうか分からないから，

$$\cancel{f'(1)}=\lim_{h\to0}\frac{f(1+h)-f(1)}{h}=\cdots\cdots$$

と書くことは好ましくない．「$f'(1)$ が存在するか？」が論点であり，不確定なものから「$f'(1)=\cdots\cdots$」と書き出すのは認められない．一方，微分可能であることが分かっているときには，「$f'(1)=\cdots\cdots$」と自信をもって書いて良い．

関数 $f(x)$ において，極限 $\displaystyle\lim_{h\to 0}\frac{f(1+2h)-f(1-h)}{h}$ ……① につい
て考える．

(1) 関数 $f(x)$ が $x=1$ で微分可能であるとき，極限値①は $3f'(1)$ である．
その理由を考えよう．

> $y=f(x)$ のグラフ上の 2 点 $(1+2h,\ f(1+2h)),\ (1-h,\ f(1-h))$
> を結ぶ直線の傾きが
>
> $$\frac{f(1+2h)-f(1-h)}{(1+2h)-(1-h)}=\frac{f(1+2h)-f(1-h)}{3h}$$
>
> である．$h\to 0$ のとき，2 点は $(1,\ f(1))$ に限りなく近づくから，この
> 傾きは $f'(1)$ に収束する②と考えられる．よって，①は $3f'(1)$ である．

下線部②は，結果として，解釈として正しいが，証明としては不十分
である．微分係数の定義に従って，極限値を求めよ．

(2) $f(x)=|x^2-1|$ とする．この $f(x)$ は $x=1$ で微分可能でない．極限
①について調べ，極限 $\displaystyle\lim_{h\to 0}\frac{f(1+h)-f(1-h)}{h}$ についても調べてみよ．

【ヒント】

微分可能であるとき，$f'(1)=\displaystyle\lim_{h\to 0}\frac{f(1+h)-f(1)}{h}$ が定義であるが，

$$f'(1)=\lim_{h\to 0}\frac{f(1\boxed{-h})-f(1)}{\boxed{-h}}=\lim_{h\to 0}\frac{f(1+\boxed{ah})-f(1)}{\boxed{ah}}$$

なども成り立つ（a は 0 でない定数）．上下の□部が揃っていれば良い．
微分可能でない(2)の $f(x)$ では，右側と左側の極限を分けて計算しよう．
この観点がなかった人は，改めて考えてみよう！

【解答・解説】

(1) $\displaystyle\lim_{h\to 0}\frac{f(1+2h)-f(1)}{2h}=f'(1),\ \lim_{h\to 0}\frac{f(1-h)-f(1)}{-h}=f'(1)$ を用いる．

$$① = \lim_{h \to 0} \frac{\{f(1+2h)-f(1)\}-\{f(1-h)-f(1)\}}{h}$$

$$= \lim_{h \to 0} \left(2 \cdot \frac{f(1+2h)-f(1)}{2h} + \frac{f(1-h)-f(1)}{-h} \right)$$

$$= 2f'(1)+f'(1)=3f'(1)$$

(2) $f(x)=|x^2-1|$ において，右側極限，左側極限は

$$\lim_{h \to +0} \frac{\{(1+2h)^2-1\}-\{1-(1-h)^2\}}{h}$$

$$= \lim_{h \to +0} \frac{2h+5h^2}{h} = \lim_{h \to +0} (2+5h) = 2$$

$$\lim_{h \to -0} \frac{\{1-(1+2h)^2\}-\{(1-h)^2-1\}}{h}$$

$$= \lim_{h \to -0} \frac{-2h-5h^2}{h} = \lim_{h \to -0} (-2-5h) = -2$$

であるから，極限①は存在しない．

$$\lim_{h \to 0} \frac{f(1+h)-f(1-h)}{h} \text{ については，右側極限と左側極限が}$$

$$\lim_{h \to +0} \frac{\{(1+h)^2-1\}-\{1-(1-h)^2\}}{h} = \lim_{h \to +0} 2h = 0$$

$$\lim_{h \to -0} \frac{\{1-(1+h)^2\}-\{(1-h)^2-1\}}{h} = \lim_{h \to -0} (-2h) = 0$$

となるから，極限値は 0 である．

■

※ (2)の2つ目の形では，右側と左側の極限は一致する：

$$\lim_{h \to -0} \frac{f(1+h)-f(1-h)}{h} = \lim_{t \to +0} \frac{f(1-t)-f(1+t)}{-t} \ (t=-h)$$

$$= \lim_{t \to +0} \frac{f(1+t)-f(1-t)}{t}$$

この問題での (2) の極限のイメージを図にしておく．

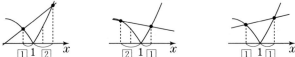

① (右)傾きが $\frac{2}{3}$ に収束　(左)傾きが $-\frac{2}{3}$ に収束　　傾きが 0 に収束

[問題 3-11]

　微分可能な関数 $f(x)$ は逆関数 $g(x)$ をもつとする. 0でない実数 a, b, c について $f(a)=b$, $f'(a)=c$ が成り立つという. このとき, $g(x)$ に関して常に成り立つものとして適当なものを以下からすべて選べ.

⓪ $g(a)=b$　①$g(a)=\dfrac{1}{b}$　②$g(a)=-b$　③$g(a)=-\dfrac{1}{b}$

④$g(b)=a$　⑤$g(b)=\dfrac{1}{a}$　⑥$g(b)=-a$　⑦$g(b)=-\dfrac{1}{a}$

ア $g'(a)=c$　イ $g'(a)=\dfrac{1}{c}$　ウ $g'(a)=-c$　エ $g'(a)=-\dfrac{1}{c}$

オ $g'(b)=c$　カ $g'(b)=\dfrac{1}{c}$　キ $g'(b)=-c$　ク $g'(b)=-\dfrac{1}{c}$

━━━━━━━━━━━━━━━━━━━━━━━━━━━━━━

【ヒント】

　実数 x, y について

$$y=g(x) \iff x=f(y) \quad \cdots\cdots ①$$

である. ①の両辺を x で微分することで

$$1=f'(y)y' \quad \therefore \quad 1=f'(y)g'(x) \quad \cdots\cdots ②$$

　①, ②は, これらが定義される $y=g(x)$ 上のすべての点で成り立つ. この観点がなかった人は, 改めて考えてみよう!

【解答・解説】

　$b=f(a)$ であるから, $a=g(b)$ が成り立つ (④).

　ヒントの②は $y=a$ で成り立ち, このとき①より $x=b$ であるから,

$$1=f'(a)g'(b) \quad \therefore \quad g'(b)=\dfrac{1}{c} \quad \cdots\cdots (カ)$$

■

※　2つのグラフが $y=x$ について対称であることからも④, カが成り立つことが分かる. つまり, (a, b) が $y=f(x)$ 上だから, $y=g(x)$ 上に (b, a) があり, これらの点における接線の傾きは逆数の関係になる.

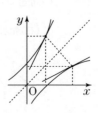

[問題 3-12]

次の各問に答えよ.

(1) $f(x)=e^x$ の導関数が $f'(x)=e^x$ であることを利用して, $g(x)=\log x$ の導関数 $g'(x)$ を求めよ.

(2) $f(x)=\sqrt[3]{x}$ は単調増加するから, 逆関数 $g(x)$ をもつ. $g(x)$ および $g'(x)$ を求め, それを利用して $f'(x)$ を求めよ. また, $f(x)$ が微分可能でないような x の値を求めよ.

【ヒント】

前問のヒント①, ②を参照せよ. ①は $y=g(x)$ 上のすべての点で成り立つが, ②には例外がある. それがどのようなものか考えてみよう.

この観点がなかった人は, 改めて考えてみよう!

【解答・解説】

(1) $y=g(x)$ とすると $x=e^y$ で, $x>0$ である. この両辺を x で微分して,

$$1=e^y y' \quad \therefore \quad g'(x)=y'=\frac{1}{e^y}=\frac{1}{x}$$

(2) $y=g(x)$ とすると, $x=\sqrt[3]{y}$ つまり $y=x^3$ である. よって,

$$g(x)=x^3,\ g'(x)=3x^2$$

次に, $y=f(x)$ とすると $x=g(y)$ である. この両辺を x で微分して,

$$1=g'(y)y' \quad \therefore \quad f'(x)=y'=\frac{1}{g'(y)}=\frac{1}{3y^2}=\frac{1}{3(\sqrt[3]{x})^2}$$

ただし, $x=0$ において, これは意味をなさず, 微分可能でない.

■

※ $f(x)$ と逆関数 $g(x)$ において, $f(a)=b$, $f'(a)=0$ のとき, $y=f(x)$ のグラフは $(a,\ b)$ において $y=b$ に接している. このとき, $g(b)=a$ であり, $y=g(x)$ のグラフは $(b,\ a)$ において $x=b$ に接している. すると,

$$\lim_{h\to 0}\left|\frac{g(b+h)-g(b)}{h}\right|=\infty\ \text{で},\ g(x)\ \text{は}\ x=b\ \text{で微分可能でない}.$$

次の各問に答えよ.

(1) 前問 (2) で $\sqrt[3]{x}$ の導関数が $\dfrac{1}{3(\sqrt[3]{x})^2}$ であることを見た. 定義域は実数全体であるが, 導関数の定義域が $x \neq 0$ で, $x = 0$ では微分可能でない.

$f(x) = x^{\frac{1}{3}}$ という "分数乗" 表記にすると, 定義域は $x > 0$ となる.

両辺が正の値であるから, 自然対数を考えて, $\log(f(x)) = \dfrac{1}{3}\log x$ である. これを利用して, $f'(x)$ を求めよ.

(2) 積の微分の公式を利用して, 商の微分の公式を導きたい. 微分可能な関数 $f(x)$, $g(x)$ について, $y = \dfrac{g(x)}{f(x)}$ を微分せよ.

【ヒント】

分数乗表記は $x > 0$ のみで考えることになっている. そうでないと, 同じものであるはずの $x^{\frac{1}{2}}$, $x^{\frac{2}{4}} = (x^2)^{\frac{1}{4}}$ で, 前者は $x \geq 0$, 後者は実数全体で定義されることになり, 意味が1つに定まらない. 厳密に見ると, $\sqrt[3]{x}$ と $x^{\frac{1}{3}}$ では意味が違うことを知っておこう.

微分は与えられた形で考える必要はなく, 適当に式変形してから「両辺を x で微分する」こともできる.

この観点がなかった人は, 改めて考えてみよう!

【解答・解説】

(1) $\log(f(x)) = \dfrac{1}{3}\log x$ の両辺を x で微分して,

$$\frac{1}{f(x)} \cdot f'(x) = \frac{1}{3x} \quad \therefore \quad f'(x) = \frac{f(x)}{3x} = \frac{1}{3}x^{\frac{1}{3}-1} = \frac{1}{3}x^{-\frac{2}{3}}$$

(2) 分母を払うと, $yf(x) = g(x)$ である. この両辺を x で微分して,

$$y'f(x) + yf'(x) = g'(x)$$

$$\therefore \quad y' = \frac{g'(x) - yf'(x)}{f(x)} = \frac{g'(x) - \dfrac{g(x)}{f(x)}f'(x)}{f(x)}$$

$$= \frac{g'(x)f(x) - g(x)f'(x)}{(f(x))^2}$$

∎

※　(1)の方法は対数微分法と呼ばれる．実数 r について $y = x^r$ の導関数の公式を導くときにも用いる．$y = x^r$ についても，整数以外の r については，定義域が $x > 0$ であることに注意しておく．

では，例えば，$y = \sqrt[3]{x^5}$ の微分はどうすると良いだろう？定義域は実数全体である．指数表示であれば，定義域が変わり，$y = x^{\frac{5}{3}} \ (x > 0)$ で，

$$y' = \frac{5}{3}x^{\frac{5}{3}-1} = \frac{5}{3}x^{\frac{2}{3}}$$

$y = \sqrt[3]{x^5}$ に話を戻す．$x \neq 0$ においては，両辺の絶対値を考えてから，指数表示にして，対数を考える．

$$\log|y| = \frac{5}{3}\log|x|$$

この両辺を微分することで，

$$\frac{y'}{y} = \frac{5}{3} \cdot \frac{1}{x} \quad \therefore \quad y' = \frac{5}{3} \cdot \frac{y}{x} = \frac{5}{3} \cdot \frac{\sqrt[3]{x^5}}{x} = \frac{5}{3}\sqrt[3]{x^2}$$

$x = 0$ においては，

$$\lim_{h \to 0} \frac{\sqrt[3]{h^5} - 0}{h} = \lim_{h \to 0} \sqrt[3]{h^2} = 0$$

より，微分可能である．これは，$\dfrac{5}{3}\sqrt[3]{x^2}$ で $x = 0$ としたものと一致している．よって，$y = \sqrt[3]{x^5}$ は微分可能な関数で，$y' = \dfrac{5}{3}\sqrt[3]{x^2}$ である．

これが正当な流れであるが，通常はここまで考えなくても良い．「指数表記を書かない方が好ましい」とだけ意識しておけば十分である．指数表記は便利なのだが・・・

問題 3-14

関数 $f(x)$ の導関数 $f'(x)$ の符号を考えることで，$f(x)$ の増減を調べることがある．

(1) 実数全体で定義された関数 $f(x)$ を，$f(x)=[x]$ で定める．ここで $[x]$ は x 以下で最大の整数を表す．

実数 a について，$x=a$ において $f(x)$ が微分可能である条件を求めよ．また，導関数 $f'(x)$ を求めよ．

(2) $x\neq0$ で定義された関数 $f(x)$ を，$f(x)=\dfrac{1}{x}$ で定めると，$f(x)$ の導関数は $f'(x)=-\dfrac{1}{x^2}$ であり，定義域内のすべての x において $f'(x)<0$ である．この $f(x)$ について，「$f'(x)<0$ であるから $f(x)$ は単調減少である」という主張は正しいか，考察せよ．

【ヒント】

$f(x)$ と $f'(x)$ の定義域が異なることがある．

導関数の符号と関数の増減の関係は，丁寧に考えないと足をすくわれることがある．「開区間 (a, b) で常に $\underline{f'(x)>0}$ のとき，$f(x)$ は閉区間 $[a, b]$ で $\underline{\text{単調に増加}}$ する」は正しい（下線部を $\underline{f'(x)<0}$，$\underline{f'(x)=0}$ に変えると，波線部は単調減少，定数になる）．

$f(x)$ がある区間で単調減少とは，「その区間内の任意の a, b について
$$a<b \text{ のとき } f(a)>f(b)$$
が成り立つ」ことである．

この観点がなかった人は，改めて考えてみよう！

【解答・解説】

(1) $f(x)=[x]$ は，
$$n\leqq x<n+1 \text{ のとき，} f(x)=n\ (n=1, 2, 3, \cdots\cdots)$$
a が整数でないとき，$x=a$ を含む適当な開区間で $f(x)$ は定数であるから，$f'(a)=0$ である．

a が整数であるとき，h として 0 に十分近いものだけを考えて，

$$\lim_{h \to +0} \frac{f(a+h)-f(a)}{h} = \lim_{h \to +0} \frac{a-a}{h} = \lim_{h \to +0} 0 = 0$$

$$\lim_{h \to -0} \frac{f(a+h)-f(a)}{h} = \lim_{h \to -0} \frac{(a-1)-a}{h} = \lim_{h \to -0} \frac{-1}{h} = \infty$$

$f'(a)$ は存在せず，微分可能でない．

求める a の条件は，a が整数でないことである．導関数は

$$f'(x) = 0 \ (x \text{ は整数ではない実数})$$

(2) $y=f(x)$ のグラフを描くと，グラフは 2 つの部分に分かれており，

　　・$f(x)$ $(x<0)$ は単調減少

　　・$f(x)$ $(x>0)$ は単調減少

である．2 つの区間それぞれでは単調減少であるが，定義域全体で単調減少とは言えない．そもそも 2 つの区間に分かれているから全体での単調性を考えられないし，例えば，$x=1$，-1 について，

$$-1<1 \text{ であるが，} f(-1)=-1<f(1)=1$$

である．

定義域に含まれる開区間で $f'(x)<0$ と分かれば単調減少といえるが，"切れ目" が含まれていたら，増加や減少は，区間を分けて考えなければならない．

■

※　関数を考えるときは，定義域を意識したい．また，公式を用いて導関数を求めるときも，得られた $f'(x)$ の定義域に注意しておく必要がある．その範囲でしか「$f(x)$ は微分可能」と言えないからである．

　　$f'(x)$ の符号から $f(x)$ の増減を調べるときにも，定義域を意識しておこう．グラフが連結（1 つにつながっていること）であるような区間ごとに考える必要がある．

※　次の問題では，極値に関して，微分係数の定義を利用して考察したい．定義や用語の使い方にも触れていこう．

以下の極値の定義を確認し，続く問に答えよ．

> $f(x)$ は連続な関数とする．$x=a$ を含む十分小さい開区間において，
> "$x \neq a$ ならば $f(x) < f(a)$（$f(x) > f(a)$）" が成り立つとき，$f(x)$ は
> $x=a$ で極大（極小）であるといい，$f(a)$ を極大値（極小値）という．」

(1) $f(x) = |x^2 - 1|$ とする．$f(x)$ の極値を求めよ．

(2) $f(x) = \sin x - x\cos x$ とする．$f'(x) = x\sin x$ であり，$f'(0) = 0$ である．$f(x)$ は $x=0$ で極値をとるか答えよ．

(3) $f(x) = x^3 - 3x$ は $x=1$ で極小値 $f(1) = -2$ をとる．$f(-2) = -2$ であるが，「$x=-2$ で極小値 $f(-2) = -2$ をとる」というか，考察せよ．

(4) $f(x)$ は微分可能であり，$x=a$ で極大値 $f(a)$ をとるとする．

　このとき，十分 0 に近い h について $\dfrac{f(a+h) - f(a)}{h}$ の符号を答えよ

（ただし，h は 0 ではなく，正であるか負であるかは定まっていない）．

　また，$\displaystyle\lim_{h \to +0} \dfrac{f(a+h) - f(a)}{h}$，$\displaystyle\lim_{h \to -0} \dfrac{f(a+h) - f(a)}{h}$ を考えることで，
$f'(a)$ の値を求めよ．

【ヒント】

　「極値をとる x において，$f'(x) = 0$ である」という印象が強過ぎると，失敗することがある．定義の通りに読み取ると，微分可能でない点で極値をとることもある．

　また，極値と同じ y の値になるからといって，その点で「極値をとる」というのだろうか？実は，「$x=a$ で極値 $f(a)$ をとる」という文で意味をなしており，y の値を極値というわけではない．

　微分可能であるとき，極限値の存在が確定している．つまり，右側極限と左側極限が実数値として存在し，しかも一致する．

　この観点がなかった人は，改めて考えてみよう！

【解答・解説】

(1) $x=0$ で極大値 1 をとり，$x=1$ と $x=-1$ で極小値 0 をとる．右図参照．

(2) $x=0$ を含む十分小さい区間で
$$f'(x)=x\sin x \geqq 0$$
であるから，$x=0$ で極値はとらない．右図参照．

(3) "$x=-2$ を含む十分小さい開区間において，$x \neq -2$ ならば $f(x)>f(-2)$" は成り立たない．極小値と同じ $y=-2$ という値をとるだけで，「$x=-2$ で極小値 $f(-2)$ をとる」とは言わない．右図参照．

(4) h が十分 0 に近いとき，$f(a+h)<f(a)$ である．$h>0$ であれば $\dfrac{f(a+h)-f(a)}{h}<0$ であり，$h<0$ であれば $\dfrac{f(a+h)-f(a)}{h}>0$ である．

右側と左側の極限は実数として存在し，それぞれ A，B とおくと，
$$\lim_{h\to+0}\frac{f(a+h)-f(a)}{h}=A\leqq 0,\quad \lim_{h\to-0}\frac{f(a+h)-f(a)}{h}=B\geqq 0$$

$f(x)$ は微分可能であるから，A と B は一致して，それが $f'(a)$ である．よって，
$$f'(a)\leqq 0 \quad かつ \quad f'(a)\geqq 0 \quad \therefore \quad f'(a)=0$$

■

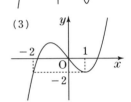

(1)

(2)

(3)

※ 極値という概念について誤解しないようにしよう．

(1)…極値は，そもそも微分とは無関係である．

(2)…微分係数が 0 であっても，その点で極値をとるとは限らない．

(3)…極値は，y の値のことをいうのではなく，「ごくせまい範囲での最大値や最小値である」という情報を含んでいる．

(4)…微分可能であるとき，極値をとる点において微分係数は 0 である．

125

平均値の定理について考えよう.「関数 $f(x)$ が閉区間 $[a,\ b]$ で連続で,開区間 $(a,\ b)$ で微分可能_①ならば,

$$\frac{f(b)-f(a)}{b-a}=f'(c),\ a<c<b$$

を満たす実数 c が存在する」という定理である.下線部①は,定理の適用可能範囲をできるだけ広くするようにされているため,少し分かりにくい.

$f(x)$ は,微分可能ならば連続である.ゆえに,閉区間 $[a,\ b]$ で微分可能_②であれば①である.②の方が①よりずっとシンプルである.

(1)　$x \geqq 0$ で定義された関数 $f(x)=\sqrt{x}$, $a=0,\ b=1$ に対し,

$$\frac{f(b)-f(a)}{b-a}=f'(c),\ a<c<b$$

を満たす実数 c を求めよ.

　　この $f(x),\ a,\ b$ は①を満たすか?また,②を満たすか?

(2)　微分可能な関数 $f(x)$ と与えられた実数 c に対し,実数 $a,\ b$ で

$$\frac{f(b)-f(a)}{b-a}=f'(c),\ a<c<b$$

を満たすものは存在するか.必ず存在するなら,そのことを示せ.存在しない $f(x),\ c$ の組があるなら,そのような例を挙げよ.

【ヒント】

　平均値の定理は c の存在を保証するものである.①や②を満たさなくても c が存在するものはある.できるだけ多くの $f(x),\ a,\ b$ で c の存在を保証するために,平均値の定理の仮定では,②でなく①を採用している.

　(2)は正しいだろうか?闇雲に考えると難しい.$f'(c)=0$ となるようなもので考えてみると何かに気がつくかも知れない.

$$f(b)=f(a),\ a<c<b$$

となる $a,\ b$ が必ず存在するだろうか?

　この観点がなかった人は,改めて考えてみよう!

【解答・解説】

（1）
$$f'(x)=\frac{1}{2\sqrt{x}}\ (x>0),\ \frac{f(b)-f(a)}{b-a}=\frac{1-0}{1-0}=1$$

である．$f'(c)=1$ となる c は

$$\frac{1}{2\sqrt{c}}=1\quad\therefore\quad c=\frac{1}{4}$$

で，これは $0<c<1$ を満たしている．

　　$x\geqq0$ で連続，$x>0$ で微分可能で，①は満たすが，②は満たさない．

（2）　存在しないものがある．以下に例を挙げる．

　　単調増加する関数 $f(x)=x^3$ をとり，$c=0$ とする．$f(x)$ は微分可能で，$f'(x)=3x^2$ であるから $f'(c)=0$ である．$a<c<b$ となるどんな a, b に対しても，$f(a)<f(b)$ であるから，

$$\frac{f(b)-f(a)}{b-a}>0$$

である．$f'(c)$ と等しくなることはない．

　　■

※　「両端を結ぶ直線と平行な接線の接点が間に存在」が結論である．

　　「平均値の定理」において，①を②に変えると，（1）で定理は使えない．端（$x=a$ や $x=b$）で微分可能でなくても，c の存在は定理で保証される．

　　一方，開区間 $(a,\ b)$ で微分可能でも，端で不連続のとき，定理は使えない．左端の $x=a$ で不連続な関数で，平均値の定理の結論が成り立たない例が中央の図である．なお，条件①を満たしていなくても，右図のように平均値の定理の結論が成り立つこと，つまり，c が存在することはある．しかし，このような c が存在するからといって，①や②が成り立つとは限らないのである．

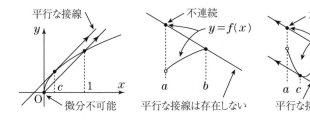

$x>0$ において，$x-\dfrac{1}{6}x^3<\sin x<x$ ……　①　が成り立つことが知られている．x が正で十分 0 に近いとき，x^3 は極めて小さいから，

$$\sin x \fallingdotseq x \quad …… \quad ②$$

と考えられる．これは，$\sin x$ を 1 次式で近似しているから 1 次近似という．直線 $y=x$ は $x=0$ における $y=\sin x$ の接線である．$x=0$ の周辺でグラフに最も近い直線は接線である．

　本問では必要に応じて，電卓や Excel を用いて計算せよ．

(1)　$\pi\fallingdotseq 3.141$ と②を用いて $\sin 2°$ の近似値を求めよ．

(2)　$3.141<\pi<3.142$ と①を用いて，$\sin 2°$ の値に関する不等式を作れ．

　　ただし，小数第 5 位までのみの小数によって評価せよ．

【ヒント】

　①②の x は弧度法で表された角度である．度数法を弧度法に直そう．また，近似は，(2) のような不等式による評価を伴ってこそ意味がある．

　問題2-8 と比較してみよ．1次,2次近似については，問題3-6 も参照せよ．

　この観点がなかった人は，改めて考えてみよう！

【解答・解説】

(1)　　　　　$\sin 2° = \sin\dfrac{\pi}{90} \fallingdotseq \dfrac{\pi}{90} \fallingdotseq \dfrac{3.141}{90} = 0.0349$

(2)　まず，$\sin 2°$ より大きい数を考える．①の右半分を用いて

$$\sin 2° < \dfrac{\pi}{90} < \dfrac{3.142}{90} = 0.0349111\cdots\cdots$$

　次に，小さい数を考える．①の左半分を用いて

$$\sin 2° > \dfrac{\pi}{90} - \dfrac{1}{6}\left(\dfrac{\pi}{90}\right)^3$$

この右辺よりも小さくなるようにすると，

$$\sin 2° > \dfrac{3.141}{90} - \dfrac{1}{6}\left(\dfrac{3.142}{90}\right)^3 = 0.034892908\cdots\cdots$$

しかし，十分 0 に近い正の数 x だけを考えると，

$$\left(x-\frac{1}{6}x^3\right)' = 1-\frac{x^2}{2} > 0$$

であるから，$x-\frac{1}{6}x^3$ は単調に増加する．よって，

$$\sin 2° > \frac{3.141}{90} - \frac{1}{6}\left(\frac{3.141}{90}\right)^3 = 0.034892915\cdots\cdots$$

としても良い（少しだけ $\sin 2°$ の値に近づいたが，最後には切り捨てる）．

以上から，

$$0.034892915\cdots\cdots < \sin 2° < 0.0349111\cdots\cdots$$

$$\therefore \quad 0.03489 < \sin 2° < 0.03492$$

∎

※ (2)の最後の不等式で，両端の差はおよそ $\frac{1}{6}\left(\frac{\pi}{90}\right)^3$ である．差は非常に小さい．実際，真の値は $\sin 2° = 0.034899496\cdots\cdots$ である．

1次近似による近似値だけでなく，3次近似

$$x \fallingdotseq 0 \text{ のとき } \sin x \fallingdotseq x - \frac{1}{6}x^3$$

も利用して，2つの数値ではさんでいることがポイントである．

ここで，$y=\cos x$ の $x=0$ における微分係数は $-\sin 0 = 0$ であり，1次近似は接線 $y = 0x + 1$ を利用した「$x \fallingdotseq 0$ のとき $\cos x \fallingdotseq 1$」である．

また，2次近似は，$\left(x-\frac{1}{6}x^3\right)' = 1-\frac{x^2}{2}$ で登場した2次関数による

$$x \fallingdotseq 0 \text{ のとき } \cos x \fallingdotseq 1-\frac{x^2}{2}$$

である（3次近似でもある！）．2つを利用してはさむと

$$1-\frac{x^2}{2} < \cos x < 1$$

なお，1次近似「$x \fallingdotseq 0$ のとき $\sin x \fallingdotseq x$」は $\lim_{x \to 0}\frac{\sin x}{x} = 1$ と同義である．

$\cos x$ の2次近似は，$\lim_{x \to 0}\frac{1-\cos x}{x^2} = \frac{1}{2}$ ということを表している．

極限 $\displaystyle\lim_{x\to 0}\frac{x-\sin x}{x^3}$ は実数として存在することが知られている． $x\to 0$ の

とき $f(x)\to 0$ となるどんな関数 $f(x)$ についても，$\displaystyle\lim_{x\to 0}\frac{f(x)-\sin f(x)}{f(x)^3}$ は

$\displaystyle\lim_{x\to 0}\frac{x-\sin x}{x^3}$ と同じ値である．その実数値を求めよ．

【ヒント】

$\displaystyle\lim_{x\to 0}\frac{x-\sin x}{x^3}=A$ とおこう．A は実数である． $\displaystyle\lim_{x\to 0}\frac{f(x)-\sin f(x)}{f(x)^3}$ も

A である．$f(x)$ として何を用いるのが良いだろう？

　この観点がなかった人は，改めて考えてみよう！

【解答・解説】

$\displaystyle\lim_{x\to 0}\frac{x-\sin x}{x^3}=A$ とおく． $f(x)=2x$ とすると，$\displaystyle\lim_{x\to 0}\frac{2x-\sin 2x}{(2x)^3}=A$

である．ここで，

$$\lim_{x\to 0}\frac{2x-\sin 2x}{(2x)^3}=\lim_{x\to 0}\frac{2x-2\sin x\cos x}{8x^3}$$

$$=\lim_{x\to 0}\frac{2(x-\sin x+\sin x-\sin x\cos x)}{8x^3}$$

$$=\lim_{x\to 0}\left(\frac{1}{4}\cdot\frac{x-\sin x}{x^3}+\frac{1}{4}\cdot\frac{\sin x(1-\cos x)}{x^3}\right)$$

$$=\lim_{x\to 0}\left(\frac{1}{4}\cdot\frac{x-\sin x}{x^3}+\frac{1}{4}\cdot\left(\frac{\sin x}{x}\right)^3\cdot\frac{1}{1+\cos x}\right)$$

$$=\frac{1}{4}A+\frac{1}{4}\cdot 1\cdot\frac{1}{2}=\frac{1}{4}A+\frac{1}{8}$$

であるから，

$$\frac{1}{4}A+\frac{1}{8}=A\quad\therefore\quad A=\frac{1}{6}$$

∎

※　解答では $f(x)=2x$ としたが，$f(x)=3x$ でも良い．3倍角の公式に慣れているなら，こちらの方がやりやすいかも知れない．

$$\lim_{x\to 0}\frac{3x-\sin 3x}{(3x)^3}=\lim_{x\to 0}\frac{3x-3\sin x+4\sin^3 x}{27x^3}$$
$$=\lim_{x\to 0}\left(\frac{1}{9}\cdot\frac{x-\sin x}{x^3}+\frac{4}{27}\cdot\left(\frac{\sin x}{x}\right)^3\right)$$
$$=\frac{1}{9}A+\frac{4}{27}$$

であるから，

$$\frac{1}{9}A+\frac{4}{27}=A \quad \therefore\quad A=\frac{1}{6}$$

である．

※　収束の証明には，不等式 $x-\dfrac{1}{6}x^3<\sin x<x-\dfrac{1}{6}x^3+\dfrac{1}{120}x^5\ (x>0)$ が成り立つことを利用する．

まず右極限から．$x>0$ のとき

$$\frac{1}{6}x^3-\frac{1}{120}x^5<x-\sin x<\frac{1}{6}x^3$$
$$\frac{1}{6}-\frac{1}{120}x^2<\frac{x-\sin x}{x^3}<\frac{1}{6}$$

である．$\displaystyle\lim_{x\to +0}\left(\frac{1}{6}-\frac{1}{120}x^2\right)=\frac{1}{6}$ であるから，はさみうちの原理より

$$\lim_{x\to +0}\frac{x-\sin x}{x^3}=\frac{1}{6}$$

である．

次に，左極限．$t=-x$ とおくと，

$$\lim_{x\to -0}\frac{x-\sin x}{x^3}=\lim_{t\to +0}\frac{-t-(-\sin t)}{-t^3}=\lim_{t\to +0}\frac{t-\sin t}{t^3}=\frac{1}{6}$$

である．以上から，$\displaystyle\lim_{x\to 0}\frac{x-\sin x}{x^3}=\frac{1}{6}$ が分かる．

極限値は，「$x\fallingdotseq 0$ のとき $\sin x\fallingdotseq x-\dfrac{1}{6}x^3$」からも分かる．前問の解説で登場した3次近似である．

平均値の定理の結論は $\dfrac{f(a+h)-f(a)}{h}=f'(c)\ (a<c<a+h)$ となる

c の存在であった．平均変化率(傾き)を単純な形で書けることを保証する．

平均値の定理を用いると，単調増加であることと $f'(x)\geqq 0$ であること
の関係を確認することができる．以下で，$f(x)$ は微分可能であるとする．

ここで，$a\leqq x\leqq b$ において $f(x)$ が単調増加であるとは，$a\leqq p<q\leqq b$
を満たす任意の $p,\ q$ について $f(p)<f(q)$ が成り立つことをいう．

(1) $a\leqq x\leqq b$ において $f(x)$ が単調増加であるとき，$a<x<b$ において
$f'(x)\geqq 0$ である．これを，極限による導関数の定義に従って説明せよ．

(2) $a<x<b$ において $f'(x)>0$ であるとき，$a\leqq x\leqq b$ において $f(x)$
は単調増加である．これを，平均値の定理を用いて説明せよ．

【ヒント】

正の値をとる関数の極限値は 0 以上である．$f(q)-f(p)$ を微分係数を
用いて表すのが平均値の定理である．

この観点がなかった人は，改めて考えてみよう！

【解答・解説】

(1) 単調増加であるとき，h が正でも負でも

$$\frac{f(x+h)-f(x)}{h}>0$$

である．微分可能であるから，$f'(x)$ は存在し，

$$f'(x)=\lim_{h\to 0}\frac{f(x+h)-f(x)}{h}\geqq 0$$

(2) $a\leqq p<q\leqq b$ とする．平均値の定理より，

$$\frac{f(q)-f(p)}{q-p}=f'(c)\ (p<c<q)$$

となる c が存在する．$f'(c)>0$ であるから，$f(p)<f(q)$ が成り立つ． ∎

関数 $f(x)$ と導関数 $f'(x)$ の間に成り立つ関係式について考察する.

(1) $f(0)=3$ であり,すべての実数 x で

$$f'(x)=f(x) \quad \cdots\cdots \quad ①$$

が成り立つという.これを満たすものは $f(x)=3e^x$ のみである.これを証明するのに,関数 $g(x)=f(x)e^{-x}$ を考えると良い.$f(x)=3e^x$ であることを証明せよ.

(2) $-\dfrac{\pi}{2} \leqq x \leqq \dfrac{\pi}{2}$ で定義された連続関数 $f(x)$ は,$f(0)=1$,$f'(0)=0$

であり,$-\dfrac{\pi}{2} < x < \dfrac{\pi}{2}$ において

$$f''(x)=-f(x) \quad \cdots\cdots \quad ②$$

が成り立つという.このとき $f(x)=\cos x$ である.このことを証明するのに,関数

$$g(x)=\frac{f(x)}{\cos x} \quad \left(-\frac{\pi}{2} < x < \frac{\pi}{2}\right)$$

を考える.導関数は $g'(x)=\dfrac{f'(x)\cos x + f(x)\sin x}{\cos^2 x}$ である.$g'(x)$ について考えるために,関数 $h(x)$ を以下で定める.

$$h(x)=f'(x)\cos x + f(x)\sin x$$

ⅰ) $h'(x)$ を求めよ.

ⅱ) $-\dfrac{\pi}{2} < x < \dfrac{\pi}{2}$ において $f(x)$ を求めよ.

ⅲ) $f\left(\dfrac{\pi}{2}\right)$,$\displaystyle\lim_{x\to\frac{\pi}{2}-0} f'(x)$ を求めよ.

【ヒント】

(1) では,$g(x)$ を微分してみよ.①を利用できるはずである.

(2) では $\cos x = 0$ となる x において(1)と同様の議論ができない.そこで,「微分可能な関数は連続」を利用する.ⅲ)では連続性が鍵である.

この観点がなかった人は,改めて考えてみよう!

【解答・解説】

（1）　　　　　$g'(x)=f'(x)e^{-x}-f(x)e^{-x}=e^{-x}(f'(x)-f(x))$

　　①より，すべての実数 x で $g'(x)=0$ であるから，$g(x)$ は定数の関数である．$g(0)=f(0)e^0=3$ であるから，

　　　　　$g(x)=3$　　∴　$f(x)=3e^x$

（2）ⅰ）　　$h'(x)$
　　　　　$=\{f''(x)\cos x-f'(x)\sin x\}+\{f'(x)\sin x+f(x)\cos x\}$
　　　　　$=\cos x(f''(x)+f(x))=0$

ⅱ）　ⅰ）より，$h(x)$ は定数の関数で，

　　　　　$h(0)=f'(0)\cos 0+f(0)\sin 0=0$

であるから，すべての x で $h(x)=0$ である．

　　よって，定義域 $-\dfrac{\pi}{2}<x<\dfrac{\pi}{2}$ において，すべての x で $g'(x)=0$ であり，$g(x)$ は定数である．$g(0)=1$ より，この範囲で

　　　　　$g(x)=1$　　∴　$f(x)=\cos x$

ⅲ）　$-\dfrac{\pi}{2}<x<\dfrac{\pi}{2}$ において，$f(x)=\cos x$，$f'(x)=-\sin x$ である．

　　$f(x)$ は $x=\dfrac{\pi}{2}$ において連続であるから，

　　　　　$f\left(\dfrac{\pi}{2}\right)=\lim_{x\to\frac{\pi}{2}-0}f(x)=\cos\dfrac{\pi}{2}=0$

　　　　　$\lim_{x\to\frac{\pi}{2}-0}f'(x)=-\sin\dfrac{\pi}{2}=-1$

　　　　　　　　　　　　　　　　　　　　　　　　■

※　実数全体で定義された関数 $f(x)$ で

　　　　　$f(0)=1$，$f'(0)=0$
　　　　　$f''(x)=-f(x)$　……　②

を満たすものは，$f(x)=\cos x$ のみである．その理由を考えてみよう．

　　そのために，本問と同様に $g(x)$，$h(x)$ を定める．ただし，$g(x)$ の定義域は $\cos x\neq 0$ となる x であり，$h(x)$ の定義域はすべての実数とする．

すると，同様にして，すべての x で $h(x)=0$ であり，定義域内のすべての x で $g'(x)=0$ である．ここから「$g(x)$ は定数である」としてはならなかった．**問題 3-14**(1) を参照せよ．$g(x)$ の定義域が

$$\cdots\cdots\cup\left(-\frac{3\pi}{2},\ -\frac{\pi}{2}\right)\cup\left(-\frac{\pi}{2},\ \frac{\pi}{2}\right)\cup\left(\frac{\pi}{2},\ \frac{3\pi}{2}\right)\cup\cdots\cdots$$

と，無数の開区間の和集合になっているからである．「各開区間の中では $g(x)$ は定数であるが，それらの定数が同じであるかは分からない」という状況である．

まず，本問で見たように，$x=0$ を含む範囲の $-\frac{\pi}{2}<x<\frac{\pi}{2}$ においては，$g(0)=1$ から定数の値は 1 で，$f(x)=\cos x$ である．連続性により，$-\frac{\pi}{2}\leqq x\leqq\frac{\pi}{2}$ においても $f(x)=\cos x$ である．

次に，$\frac{\pi}{2}<x<\frac{3\pi}{2}$ においても $g'(x)=0$ で，$g(x)$ は定数である．この定数の値は分かっていない．その値を A とおくと，$\frac{\pi}{2}<x<\frac{3\pi}{2}$ において

$$g(x)=A \qquad \therefore\quad f(x)=A\cos x$$

と表せる．$f'(x)=-A\sin x$ である．$f'(x)$ の $x=\frac{\pi}{2}$ での連続性から，

$$\lim_{x\to\frac{\pi}{2}+0}f'(x)=f'\left(\frac{\pi}{2}\right)\qquad\therefore\quad -A=-1$$

つまり，$A=1$ である．よって，この範囲でも $f(x)=\cos x$ である．

$$x=\frac{2n-1}{2}\pi \quad(n\ は整数)$$

における $f'(x)$ の連続性を用いてこの作業を繰り返すと，各区間における $g(x)$ の値はすべて 1 であることが分かる．それにより，すべての実数 x について

$$f(x)=\cos x$$

であることが分かる．

かなり煩雑な議論であったが，何とか高校数学の範囲内で証明できた．

4 Ⅲ-④：積分法，積分法の応用

　数学Ⅲ-④：「積分法，積分法の応用」で扱う概念は

□積分法

　・不定積分とその基本性質　・いろいろな関数の不定積分

　・定積分とその基本性質　・定積分の種々の問題

　・置換積分法　・部分積分法

□積分法の応用

　・面積　・体積　・曲線の長さ　・速度と道のり

である．

　積分は計算が煩雑になることが多く，計算力や処理力を問うために出題されていることも多い．面積や体積，長さなど，積分で求めることができる量についての理論を深堀すると，大学数学に入ってしまう．

　本書では，そういった部分での各種の計算手法やテクニックなどについては触れず，置換積分や区分求積の意味，理解不足によるミスが起きやすいところを集中的に扱っていく．ただし，少し計算が煩雑になるところもある．

　また，電卓（**Excel**）を用いた直観的な把握もやっていく．それらを通じて，数値によるイメージを掴んでもらいたい．

問題 4-1

$f(x) = \dfrac{1}{x}$ または $f(x) = \dfrac{1}{x^2}$ とすると，$f(x)$ は区間 $x > 0$ で単調に減少

する．図のように考えると，自然数 n について，$\displaystyle\sum_{k=1}^{n} f(k)$ と $\displaystyle\int_{1}^{n} f(x)dx$

に関する不等式を考えることができる．

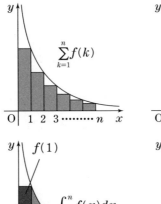

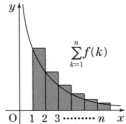

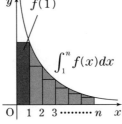

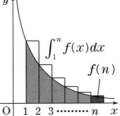

(1) 次の ⓪ ～ ③ の中で，必ず成り立つ不等式をすべて選べ．

⓪ $\displaystyle\sum_{k=1}^{n} f(k) \leqq \int_{1}^{n} f(x)dx + f(1)$ ① $\displaystyle\sum_{k=1}^{n} f(k) \geqq \int_{1}^{n} f(x)dx + f(1)$

② $\displaystyle\sum_{k=1}^{n} f(k) \leqq \int_{1}^{n} f(x)dx + f(n)$ ③ $\displaystyle\sum_{k=1}^{n} f(k) \geqq \int_{1}^{n} f(x)dx + f(n)$

(2) $\displaystyle\sum_{k=1}^{n} \dfrac{1}{k} \geqq \log n + \dfrac{1}{n}$ を示し，極限 $\displaystyle\lim_{n \to \infty} \sum_{k=1}^{n} \dfrac{1}{k}$ を求めよ．

(3) $\displaystyle\sum_{k=1}^{n} \dfrac{1}{k^2} \leqq 2 - \dfrac{1}{n}$ を示せ．また，Excel などを用いて $\displaystyle\sum_{k=1}^{100} \dfrac{1}{k^2}$ の小数第 5 位

を四捨五入した値を求めよ．

問題 4-2

$y = \dfrac{1}{x}$ のグラフ C と直線 $x = 1$, $x = 2$ および x 軸で囲まれる領域の面積を S とする. $S = \boxed{①}$ である.

C 上の点で x 座標が 1, 2 であるものを順に A, B とする. また, x 軸上に 2 点 G(1, 0), H(2, 0) をとる. 線分 AG, GH を 2 辺とする長方形の面積は $\boxed{②}$ で, 線分 BH, GH を 2 辺とする長方形の面積は $\boxed{③}$ である. これらによって, $\boxed{②} < S < \boxed{③}$ という評価が得られる. $\log 2 = 0.6931471\cdots\cdots$ であるから, この評価はかなり雑である. また, この評価から $\boxed{④} < e < \boxed{⑤}$ を得るが, $e = 2.7182818\cdots\cdots$ であるから, やはりかなり雑な評価である.

そこで, C が下に凸であることを利用した評価を考える. 下に凸であることの定義から, 線分 AB (両端の 2 点 A, B を除く) は C よりも上にある. また, C 上の任意の点 C における接線 (接点 C を除く) は C よりも下にある.

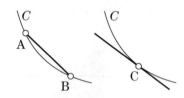

台形 AGHB の面積は $\boxed{⑥}$ である. これは S より大きい.

また, C 上に x 座標が $\dfrac{3}{2}$ である点 C をとる. 線分 GH を下の辺とし, 点 C が上の辺上にあるような長方形を考える. この面積 T は $T = \boxed{⑦}$ である. T の方が S よりも小さい. 点 C における曲線 C の接線を考えることで, その理由を図形的に説明せよ.

台形 AGHB の面積と T を用いると, e について

$$2.5198420\cdots\cdots < e < 2.8284271\cdots\cdots$$

という評価が得られる. まだまだ評価は粗い. 引き続き, 以降の問題でも積分を利用した e の評価を考えてみよう.

問題 4-3

前問と同じ記号を使う．2つの台形の面積と S の大小比較により

$$T < S = \log 2 < (台形 \text{AGHB} の面積)$$

$$\therefore \quad \frac{2}{3} < \log 2 < \frac{3}{4} \quad \cdots\cdots \quad ①$$

という評価を得た．評価の精度を上げる方法を考えよう．

(1)　細かく分割していくつかの台形の面積の和を使うと，S の値との差は小さくなるはずである．$1 \leqq x \leqq \dfrac{3}{2}$, $\dfrac{3}{2} \leqq x \leqq 2$ に分けて前問と同様の評価をすることで，$A < \log 2 < B$ となる有理数 A, B を求めよ．

(2)　前問で得た評価①の両端の数の平均をとると，

$$\log 2 \fallingdotseq \frac{1}{2}\left(\frac{2}{3} + \frac{3}{4}\right) = \frac{17}{24} = 0.7083333\cdots\cdots$$

という近似を得る．$\log 2 = 0.6931471\cdots\cdots$ であるから，良い近似ではあるが，もっと工夫できるはずである．①の両端のうち，$\log 2$ に近いのは左側であるから，平均(つまり，数直線上での中点)ではなく，$1 : 2$ に内分する点を考えてみると，

$$\log 2 \fallingdotseq \frac{1}{3}\left(2 \cdot \frac{2}{3} + 1 \cdot \frac{3}{4}\right) = \frac{25}{36} = 0.6944444\cdots\cdots$$

という近似を得る．分割の個数を増やしていないのに，良い評価である．

この近似は，一般化して公式にすると，

$$\int_a^b f(x)dx \fallingdotseq \frac{1}{3}\left(2 \cdot f\left(\frac{a+b}{2}\right) + \frac{f(a)+f(b)}{2}\right)(b-a)$$
$$= \frac{b-a}{6}\left(f(a) + f(b) + 4f\left(\frac{a+b}{2}\right)\right)$$

ということになっている．これが良い近似を生むことはよく知られていて，実は $f(x) = px^3 + qx^2 + rx + s$ (p, q, r, s は実数) であるときは

$$\int_a^b f(x)dx = \frac{b-a}{6}\left(f(a) + f(b) + 4f\left(\frac{a+b}{2}\right)\right)$$

が成り立つ(これをシンプソンの公式という)．

$f(x)$ が 1, x, x^2, x^3 のときに，公式の等号が成り立つことを示せ．

問題 4-4

シンプソンの公式 $\int_a^b f(x)dx \fallingdotseq \dfrac{b-a}{6}\left(f(a)+f(b)+4f\left(\dfrac{a+b}{2}\right)\right)$ を用いて定積分の近似値を考えよう. 必要に応じて Excel などを用いてよい.

(1) 問題 4-2,3 の S について, 閉区間 $[1,\ 2]$ を $\left[1,\ \dfrac{4}{3}\right]$, $\left[\dfrac{4}{3},\ \dfrac{5}{3}\right]$, $\left[\dfrac{5}{3},\ 2\right]$ に 3 等分し, 各区間でシンプソンの公式を用いることで $S=\int_1^2 \dfrac{dx}{x}$ の近似値を求めよ.

(2) 三角関数の値が右の表のように与えられている. $\int_0^{\frac{\pi}{3}} \sin x\, dx = \left[-\cos x\right]_0^{\frac{\pi}{3}} = \dfrac{1}{2}$ である. 区間を 3 等分し, 各区間でシンプソンの公式を用いて, 積分の近似値を求めよ (π を用いてよい). それを利用して, 円周率 π の近似値を求めよ.

θ	$\sin\theta$
10°	0.1736
20°	0.3420
30°	0.5000
40°	0.6428
50°	0.7660
60°	0.8660

問題 4-5

$y=\sin x$ の $0 \leqq x \leqq \pi$ の部分と x 軸で囲まれる部分の面積を S とおく. S を求めよ. また, (1)〜(3) では, 各値を $aS+b$ ($a,\ b$ は実数) の形で表せ.

(1) $y=\cos x$ の $0 \leqq x \leqq \dfrac{\pi}{2}$ の部分と x 軸, y 軸で囲まれる部分の面積

(2) $y=\sin 5x$ の $0 \leqq x \leqq \dfrac{\pi}{2}$ の部分と x 軸で囲まれる部分の面積

(3) 定積分 $\int_0^{\frac{\pi}{2}} \sin 5x\, dx$

(4) $S < \int_0^{\pi} e^x \sin x\, dx < e^{\pi} S$ が成り立つことを証明せよ.

140

問題 4-6

n を自然数とする．極限 $\displaystyle\lim_{n\to\infty}\int_0^1 x^n\,dx$, $\displaystyle\lim_{n\to\infty}\int_0^1 \frac{e^x(1-x)\sqrt{3x+1}}{x^2+1}\cdot x^n\,dx$ を求めよ．

問題 4-7

$f(x)=e^x$ は実数全体で定義された関数で，単調に増加する．値域は $y>0$ である．よって，逆関数 $g(x)$ が存在し，その定義域は $x>0$ で，値域は実数全体である．この範囲内の $x,\ y$ について，$y=g(x)$ と $x=e^y$ が同値である．$I=\displaystyle\int_1^e g(x)\,dx$ をいくつかの方法で求めたい．

(1) $g(x)$ を求めることにより，I を求めよ．

(2) $x=e^y$ を利用して置換積分を行い，y が積分変数の積分で表すことにより，I を求めよ．

(3) I は $y=g(x)$ のグラフと関係するある面積を表す．グラフの対称性により，$y=f(x)$ のグラフと関係するある面積と一致する．その面積として I を求めよ．

問題 4-8

$-\dfrac{\pi}{2}<x<\dfrac{\pi}{2}$ において $f(x)=\tan x$ を考える．単調増加する関数で，値域は実数全体である．よって，逆関数 $g(x)$ が存在し，定義域は実数全体であり，値域は $-\dfrac{\pi}{2}<y<\dfrac{\pi}{2}$ である．この範囲内の $x,\ y$ について，$y=g(x)$ と $x=\tan y$ が同値である．

(1) $g'(x)$ を x の式で表せ．また，$g(0)$ を求めよ．

(2) $g(x)$ を定積分を用いて表せ．ただし，積分変数は t にせよ．

問題 4-9

$\displaystyle\int_0^{\frac{\pi}{2}} \sin^4 x\,dx$, $\displaystyle\int_0^{\frac{\pi}{2}} \sin^5 x\,dx$ はどちらが計算しやすいだろう. 5 が奇数

であることを利用すると, 以下のように変形し, 積分計算できる.

$$\sin^5 x = (1 - \cos^2 x)^2 \sin x = (1 - 2\cos^2 x + \cos^4 x)\sin x$$

4 乗の方は倍角の公式を繰り返し使い, 積分できる形を作る方法がある.

$$\sin^4 x = \left(\frac{1 - \cos 2x}{2}\right)^2 = \frac{1 - 2\cos 2x + \cos^2 2x}{4}$$

$$= \frac{1 - 2\cos 2x}{4} + \frac{1}{4}\cdot\frac{1 + \cos 4x}{2} = \frac{3}{8} - \frac{\cos 2x}{2} + \frac{\cos 4x}{8}$$

(1) これらを用いて, 2 つの積分を計算せよ.

(2) $(\sin^5 x)' = 5\sin^4 x \cos x$ である. これを利用して,

$$\sin^4 x = \frac{(\sin^5 x)'}{5\cos x} \quad \therefore \quad \int \sin^4 x\,dx = \frac{\sin^5 x}{5\cos x} + C$$

と計算することはできるか考察せよ(C は積分定数である).

(3) $0 \leqq x \leqq \dfrac{\pi}{2}$ で連続な関数 $f(x)$ を自由に定めて, $\displaystyle\int_0^{\frac{\pi}{2}} \sin^4 x \cdot f(x)\,dx$

を計算せよ.

問題 4-10

積分では式の形からの逆算・連想が重要である. n は自然数とする.

(1) $(x^n e^x)' = (x^n + nx^{n-1})e^x$ である. これを利用し, $\displaystyle\int x^3 e^x\,dx$ を求めよ.

(2) $\displaystyle\sum_{k=0}^{n} \frac{{}_n\mathrm{C}_k}{k+1} 2^{k+1}$ を, 0 から 2 までの定積分を利用して計算せよ.

[問題 4-11]

極限 $\displaystyle\lim_{n\to\infty}\sum_{k=1}^{n}\frac{1}{n}e^{\frac{k}{n}}$ を，積分を用いずに計算し，積分を用いても計算せよ.

[問題 4-12]

次の定積分について，続く問いに答えよ.

$$\int_0^{\frac{\pi}{2}}\cos^2 x\,dx = \int_0^{\frac{\pi}{2}}\frac{1+\cos 2x}{2}\,dx = \frac{1}{2}\left[x+\frac{1}{2}\sin 2x\right]_0^{\frac{\pi}{2}} = \frac{\pi}{4}$$

（1）　積分の値は，長方形 $0\leq x\leq\frac{\pi}{2}$, $0\leq y\leq\frac{1}{2}$ の面積と一致している．この理由を，$y=\cos 2x$ のグラフの形状に言及して説明せよ.

（2）　積分の値は，$x^2+y^2=1$, $x\geq 0$, $y\geq 0$ の面積と一致している．この理由を，$t=\sin x\left(0\leq x\leq\frac{\pi}{2}\right)$ とおくことで説明せよ.

問題 4-13

2 曲線 $y = x^2$, $y = x$ で囲まれる領域

$$D : x^2 \leqq y \leqq x,\ 0 \leqq x \leqq 1$$

の面積を考える. $0 \leqq t \leqq 1$ に対し, 動点 $P(t,\ t^2)$, $Q(t,\ t)$ を考える.

(1) D は, t が $0 \leqq t \leqq 1$ を満たして動くときに線分 PQ が動いてできる図形である. この観点から, 線分 PQ の長さを利用して D の面積を求めよ.

(2) D は, t が $0 \leqq t \leqq 1$ を満たして動くときに線分 OP が動いてできる図形と考えることもできる. 線分 OP の長さは $OP = t\sqrt{1+t^2}$ である. 定積分 $\int_0^1 x\sqrt{1+x^2}\,dx$ を計算せよ. その際, $x = \tan\theta\ \left(-\dfrac{\pi}{2} < \theta < \dfrac{\pi}{2}\right)$ と置換せよ.

(3) (1)と(2)の計算結果は一致しなかったはずである. (2)では面積を求めることができない. 「長さを積分したら面積」は, 一般的には成り立たない. 線分 OP の動く範囲として D の面積を求める方法を考える.

$0 \leqq s \leqq 1$ なる s について, $0 \leqq t \leqq s$ の範囲で t が動くときに線分 OP の動く範囲の面積を $S(s)$ とおく. $h > 0$ に対し, $S(s+h) - S(s)$ を近似的に考える. $P(s,\ s^2)$, $P'(s+h,\ (s+h)^2)$ とおく. $S'(s)$ を考えるのに $h \to 0$ とするとき,

$$S(s+h) - S(s) = \triangle OPP'$$

と考えて良い. これを利用して, $S'(s)$ を求めよ. それを積分することで, D の面積を求めよ.

問題 4-14

定積分とは何であるか，確認しておこう．

> ある区間で連続な関数 $f(x)$ の不定積分の 1 つを $F(x)$ とするとき，区間に属する 2 つの実数 a, b に対して
>
> $$\int_a^b f(x)dx = F(b) - F(a)$$

上端と下端の数を代入した差というだけでない．これを踏まえて考える．

$$\int_{-1}^1 \frac{1}{x}dx = \Big[\log|x|\Big]_{-1}^1 = \log 1 - \log 1 = 0 \quad \cdots\cdots \quad ①$$

①に関して正しいものを次の ⓪～② から選べ．

⓪ 右図の 2 つの面積が等しいことを表しており，①は正しい．

① 右図の 2 つの面積が等しい．それを S とおくことにより，

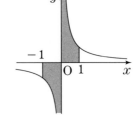

$$\int_{-1}^0 \frac{1}{x}dx + \int_0^1 \frac{1}{x}dx = (-S) + S = 0$$

と計算すべきで，①は正しくない．

② ①の書き方も許されず，①はまったく意味をなさない．

問題 4-15

置換積分について確認をしておく.

区間 $[\alpha, \beta]$ で微分可能な関数 $s=g(t)$ に対し, $g(\alpha)=a$, $g(\beta)=b$ であるとき, $\displaystyle\int_a^b f(s)ds = \int_\alpha^\beta f(g(t))g'(t)dt$ である.

※ 左辺 $\rightleftarrows$ 右辺のどちらも可能である. また, $\alpha < \beta$ でなくても良い.

s と t が 1 対 1 に対応している必要はない. これを踏まえて考える.

$$\int_{-1}^{1} x^2\, dx = \left[\frac{1}{3}x^3\right]_{-1}^{1} = \frac{1}{3} - \left(-\frac{1}{3}\right) = \frac{2}{3} \quad \cdots\cdots \quad ①$$

一方, $x = \dfrac{1}{t}$ とおくと, $dx = -\dfrac{1}{t^2}dt$ であり, 次のように計算できる.

$$\int_{-1}^{1} x^2\, dx = \int_{-1}^{1} \frac{1}{t^2}\cdot\left(-\frac{1}{t^2}\right)dt = \left[\frac{1}{3t^3}\right]_{-1}^{1} = \frac{2}{3} \quad \cdots\cdots \quad ②$$

②に関して正しいものを次の ⓪ ～ ② から選べ.

⓪ ①と同じ計算結果であるから, ②は正しい.

① 被積分関数が負であるが, 計算結果が正の値で, ②は正しくない.

② 置換積分が間違っており, ②はまったく意味をなさない.

問題 4-16

少し変わった置換積分①，②，③を実行してみる．正しい計算は 1 つだけである．誤りを含むものは，誤りである理由を指摘し，訂正せよ．

① $\displaystyle\int_0^1 \frac{dx}{1+x^2}$ において，$x = \tan\theta$ とおく．

$$dx = \frac{d\theta}{\cos^2\theta},\ \tan 0 = 0,\ \tan\frac{5\pi}{4} = 1$$

であるから，

$$\int_0^1 \frac{dx}{1+x^2} = \int_0^{\frac{5\pi}{4}} \frac{1}{1+\tan^2\theta}\cdot\frac{d\theta}{\cos^2\theta} = \int_0^{\frac{5\pi}{4}} d\theta = \Big[\ \theta\ \Big]_0^{\frac{5\pi}{4}} = \frac{5\pi}{4}$$

② $\displaystyle\int_1^4 \sqrt[3]{x}\,dx$ において，$x = t^2$ とおく．

$$dx = 2t\,dt,\ (-1)^2 = 1,\ 2^2 = 4$$

であるから，

$$\int_1^4 \sqrt[3]{x}\,dx = \int_{-1}^2 \sqrt[3]{t^2}\cdot 2t\,dt = \left[\ \frac{3}{4}t^2\sqrt[3]{t^2}\ \right]_{-1}^2 = \frac{3(4\sqrt[3]{4}-1)}{4}$$

③ $\displaystyle\int_0^1 \sqrt{1-x^2}\,dx$ において，$x = \sin\theta$ とおく．

$$dx = \cos\theta\,d\theta,\ \sin\pi = 0,\ \sin\frac{\pi}{2} = 1$$

であるから，

$$\int_0^1 \sqrt{1-x^2}\,dx = \int_\pi^{\frac{\pi}{2}} \sqrt{1-\sin^2\theta}\cdot\cos\theta\,d\theta = \int_\pi^{\frac{\pi}{2}} \cos^2\theta\,d\theta$$

$$= -\int_{\frac{\pi}{2}}^\pi \frac{1+\cos 2\theta}{2}\,d\theta = -\left[\frac{\theta}{2} + \frac{\sin 2\theta}{4}\right]_{\frac{\pi}{2}}^\pi = -\frac{\pi}{4}$$

問題 4-17

置換積分を区分求積法の観点からとらえてみたい.

$$\int_0^1 x^2\,dx = \lim_{n \to \infty} \sum_{k=1}^{n} \frac{1}{n}\left(\frac{k}{n}\right)^2$$

である. 積分計算しても, 和を求めて極限計算しても, 結果は同じである.

$$\int_0^1 x^2\,dx = \left[\frac{1}{3}x^3\right]_0^1 = \frac{1}{3}$$

$$\lim_{n \to \infty} \sum_{k=1}^{n} \frac{1}{n}\left(\frac{k}{n}\right)^2 = \lim_{n \to \infty} \frac{1}{n^3}\sum_{k=1}^{n} k^2 = \lim_{n \to \infty} \frac{n(n+1)(2n+1)}{6n^3} = \frac{1}{3}$$

n を固定する. $0 \le y \le x^2$, $0 \le x \le 1$ の面積を考えるのに, 区間 $[0,\ 1]$ を次のように <u>n 等分</u>する.

$$\left[\frac{0}{n},\ \frac{1}{n}\right],\ \left[\frac{1}{n},\ \frac{2}{n}\right],\ \cdots\cdots,\ \left[\frac{n-1}{n},\ \frac{n}{n}\right]$$

各区間の右端の高さを利用して n 個の長方形の和を考えているのが, 上記の区分求積法である.

高校数学は <u>n 等分</u>のみを考えるが, 等分でなかったらどうなるだろう?

$\displaystyle\sum_{k=1}^{n}(2k-1) = n^2$ を利用することを考えてみよう. つまり, 区間 $[0,\ 1]$ を次のように間隔の違う n 個に分ける. $n \to \infty$ のとき, どの間隔も 0 に限りなく近づくことに注意しよう.

$$\left[\frac{0}{n^2},\ \frac{1}{n^2}\right],\ \left[\frac{1}{n^2},\ \frac{4}{n^2}\right],\ \cdots\cdots,\ \left[\frac{n^2-2n+1}{n^2},\ \frac{n^2}{n^2}\right]$$

各区間の右端 $x = \dfrac{k^2}{n^2}$ $(k=1,\ 2,\ 3,\ \cdots\cdots,\ n)$ の高さを利用して長方形を作り, 面積を考える. つまり,

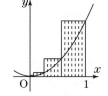

$\displaystyle\lim_{n \to \infty} \sum_{k=1}^{n} \frac{2k-1}{n^2}\left(\frac{k^2}{n^2}\right)^2$ である.

(1) 通常の区分求積法でこの極限を求めよ.

(2) (1)で得られた定積分と $\displaystyle\int_0^1 x^2\,dx$ との関係を考察せよ.

問題 4-18

定積分で表された関数について，次のような公式を学んだ．

$f(x)$ を連続な関数, a を定数とする．定積分 $\int_a^x f(t)\,dt$ は x の関数
で，$f(x)$ の不定積分の1つである．つまり，

$$\frac{d}{dx}\int_a^x f(t)\,dt = f(x)$$

次の問 (1), (2) について，この公式を誤用して得られた答案を以下に
挙げる．誤っている点を指摘し，答案を修正せよ．

問 (1)　$f(x) = \int_0^x (x-t)\,dt$ で定める．導関数 $f'(x)$ を求めよ．

(2)　関数 $f(x)$ は $\int_0^x (x-t)f(t)\,dt = \sin x$ を満たす．$f(x)$ を求めよ．

誤答

(1)　公式を使うと，「被積分関数の t を x に変える」と良いから，

$$f'(x) = \frac{d}{dx}\int_0^x (x-t)\,dt = x-x = 0$$

(2)　条件を変形すると

$$x\int_0^x f(t)\,dt - \int_0^x tf(t)\,dt = \sin x \quad \cdots\cdots \quad ①$$

である．両辺を x で微分すると

$$1\int_0^x f(t)\,dt + x\cdot f(x) - xf(x) = \cos x$$

$$\therefore \quad \int_0^x f(t)\,dt = \cos x \quad \cdots\cdots \quad ②$$

さらに，②の両辺を x で微分すると

$$f(x) = -\sin x \quad \cdots\cdots \quad ③$$

問題 4-19

積の微分について考える. $f(x)$, $g(x)$ は微分可能な関数とする.

$$(f(x)g(x))' = f'(x)g'(x) \quad \cdots\cdots \quad ①$$

は，公式ではない．つまり，①を満たさない関数が存在する．例えば，多項式である．$f(x)$, $g(x)$ の次数が m, n（m, n は自然数）であるとき，①の左辺は $m+n-1$ 次，右辺は $m+n-2$ 次であり，①は不成立である.

(1) ①が成り立つような $f(x)$, $g(x)$ の例を 1 組挙げよ.

(2) ①が成り立つのは，

$$f'(x)g'(x) = f'(x)g(x) + f(x)g'(x) \quad \cdots\cdots \quad ②$$

が定義域内のすべての x で成り立つときである．$f(x)$, $g(x)$, $f'(x)$, $g'(x)$ のいずれかが 0 となる x が存在するかどうかの吟味が必要だが，いったん，気にせずに計算を進める．②の両辺を $f'(x)g'(x)$ で割ると，

$$\frac{f(x)}{f'(x)} + \frac{g(x)}{g'(x)} = 1 \quad \therefore \quad \frac{1}{(\log|f(x)|)'} + \frac{1}{(\log|g(x)|)'} = 1$$

である．和が 1 になるような 2 つの関数 $a(x)$, $b(x)$ を適当に決めて，

$$(\log|f(x)|)' = \frac{1}{a(x)}, \ (\log|g(x)|)' = \frac{1}{b(x)}$$

を満たす $f(x)$, $g(x)$ を 1 つ求めよ．ただし，定義域は，$a(x)$, $b(x)$ が 0 にならないよう適当に定め，$f(x)$, $g(x)$ を求める際の積分定数も適当に定めよ．また，求めた $f(x)$, $g(x)$ が①を満たすことを確認せよ.

問題 4-1

$f(x) = \dfrac{1}{x}$ または $f(x) = \dfrac{1}{x^2}$ とすると, $f(x)$ は区間 $x > 0$ で単調に減少する. 図のように考えると, 自然数 n について, $\displaystyle\sum_{k=1}^{n} f(k)$ と $\displaystyle\int_1^n f(x)dx$ に関する不等式を考えることができる.

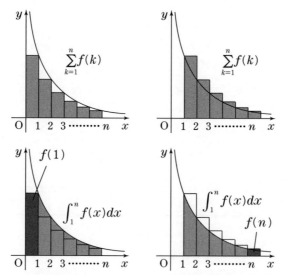

(1) 次の ⓪ ～ ③ の中で, 必ず成り立つ不等式をすべて選べ.

⓪ $\displaystyle\sum_{k=1}^{n} f(k) \leqq \int_1^n f(x)dx + f(1)$　　① $\displaystyle\sum_{k=1}^{n} f(k) \geqq \int_1^n f(x)dx + f(1)$

② $\displaystyle\sum_{k=1}^{n} f(k) \leqq \int_1^n f(x)dx + f(n)$　　③ $\displaystyle\sum_{k=1}^{n} f(k) \geqq \int_1^n f(x)dx + f(n)$

(2) $\displaystyle\sum_{k=1}^{n} \dfrac{1}{k} \geqq \log n + \dfrac{1}{n}$ を示し, 極限 $\displaystyle\lim_{n \to \infty} \sum_{k=1}^{n} \dfrac{1}{k}$ を求めよ.

(3) $\displaystyle\sum_{k=1}^{n} \dfrac{1}{k^2} \leqq 2 - \dfrac{1}{n}$ を示せ. また, Excel などを用いて $\displaystyle\sum_{k=1}^{100} \dfrac{1}{k^2}$ の小数第 5 位を四捨五入した値を求めよ.

（1）は図を見て，面積の大小関係から分かるものを選べば良い.

（2），（3）の不等式は（1）をそのまま利用してみよ．また，Excel で 100 個の和を計算するところは，A 列の A1 ～ A100 に 1 ～ 100 を入れ，B 列の B1 ～ B100 に「=1/A1^2」～「=1/A100^2」を入れる．C1 に「=SUM(B:B)」と入力すると，出力される．うまく Excel を使えるようなら，足す個数をもっと増やしてみて，無限級数の和の値を予想してみよ.

この観点がなかった人は，改めて考えてみよう！

【解答・解説】

（1）　左側にある 2 つの図で面積を比較すると，⓪ が成り立つことが分かる.
右側にある 2 つの図からは ③ の成立が分かる.

（2）　$f(x) = \dfrac{1}{x}$ として ③ を考えると

$$\sum_{k=1}^{n} \frac{1}{k} \geqq \int_{1}^{n} \frac{1}{x} dx + \frac{1}{n} = \Big[\log x \Big]_{1}^{n} + \frac{1}{n} = \log n + \frac{1}{n}$$

が成り立ち，$\displaystyle\lim_{n \to \infty}\Big(\log n + \frac{1}{n} \Big) = \infty$ であるから，$\displaystyle\lim_{n \to \infty} \sum_{k=1}^{n} \frac{1}{k} = \infty$ である.

（3）　$f(x) = \dfrac{1}{x^2}$ として ⓪ を考えると

$$\sum_{k=1}^{n} \frac{1}{k^2} \leqq \int_{1}^{n} \frac{1}{x^2} dx + 1 = \Big[-\frac{1}{x} \Big]_{1}^{n} + 1 = 2 - \frac{1}{n}$$

が成り立つ.

$\displaystyle\sum_{k=1}^{100} \frac{1}{k^2} = 1.634983\cdots\cdots$ で，四捨五入すると 1.6350 である.

■

※　（3）の和で無限級数 $\displaystyle\sum_{k=1}^{\infty} \frac{1}{k^2}$ の和を計算すると $1.644934\cdots\cdots$ であり，この値は $\dfrac{\pi^2}{6}$ であることが知られている.

問題 4-2

$y = \dfrac{1}{x}$ のグラフ C と直線 $x=1$, $x=2$ および x 軸で囲まれる領域の面積を S とする．$S = \boxed{①}$ である．

C 上の点で x 座標が 1, 2 であるものを順に A, B とする．また，x 軸上に 2 点 G$(1, 0)$, H$(2, 0)$ をとる．線分 AG, GH を 2 辺とする長方形の面積は $\boxed{②}$ で，線分 BH, GH を 2 辺とする長方形の面積は $\boxed{③}$ である．これらによって，$\boxed{②} < S < \boxed{③}$ という評価が得られる．$\log 2 = 0.6931471 \cdots$ であるから，この評価はかなり雑である．また，この評価から $\boxed{④} < e < \boxed{⑤}$ を得るが，$e = 2.7182818 \cdots$ であるから，やはりかなり雑な評価である．

そこで，C が下に凸であることを利用した評価を考える．下に凸であることの定義から，線分 AB (両端の 2 点 A, B を除く) は C よりも上にある．また，C 上の任意の点 C における接線 (接点 C を除く) は C よりも下にある．

台形 AGHB の面積は $\boxed{⑥}$ である．これは S より大きい．

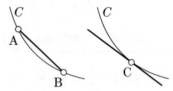

また，C 上に x 座標が $\dfrac{3}{2}$ である点 C をとる．線分 GH を下の辺とし，点 C が上の辺上にあるような長方形を考える．この面積 T は $T = \boxed{⑦}$ である．T の方が S よりも小さい．点 C における曲線 C の接線を考えることで，その理由を図形的に説明せよ．

台形 AGHB の面積と T を用いると，e について

$$2.5198420 \cdots < e < 2.8284271 \cdots$$

という評価が得られる．まだまだ評価は粗い．引き続き，以降の問題でも積分を利用した e の評価を考えてみよう．

【ヒント】

T は，C における接線を利用してできるある台形の面積と等しい．図を描いてみよう．

この観点がなかった人は，改めて考えてみよう！

【解答・解説】

$$S = \int_1^2 \frac{dx}{x} = \Big[\log x \Big]_1^2 = \log 2 \text{ である.}$$

線分 AG，GH を 2 辺とする長方形の面積は $1 \cdot 1 = 1$ であり，線分 BH，GH を 2 辺とする

長方形の面積は $\frac{1}{2} \cdot 1 = \frac{1}{2}$ である.

$$\frac{1}{2} < \log 2 = 0.6931471 \cdots\cdots < 1$$

という評価で，e の評価としては

$$\sqrt{e} < 2 < e \quad \therefore \quad 2 < e < 4$$

という雑な評価を得る.

台形 AGHB の面積は $\left(1 + \frac{1}{2}\right) \cdot 1 \cdot \frac{1}{2} = \frac{3}{4}$ である.

次に⑦について．線分 GH を下の辺とし，点 C が上の辺上にあるような長方形（右図）を考える．この面積 T は

$$T = \frac{2}{3} \cdot 1 = \frac{2}{3}$$

である．T は S より小さい．$T < S$ は，T が点 C における曲線 C の接線を利用して作った台形（右図）の面積と等しいこと，凸性からその台形が C よりも下にあることから分かることである.

■

※　得られる評価は次の通りである.

$$\frac{2}{3} < \log 2 < \frac{3}{4} \quad \therefore \quad 0.666\cdots\cdots < 0.6931471\cdots\cdots < 0.75$$

$$e^{\frac{2}{3}} < 2 < e^{\frac{3}{4}} \quad \therefore \quad 2^{\frac{4}{3}} = 2.5198\cdots\cdots < e < 2^{\frac{3}{2}} = 2.8284\cdots\cdots$$

前問と同じ記号を使う. 2つの台形の面積と S の大小比較により

$$T < S = \log 2 < (\text{台形 AGHB の面積})$$

$$\therefore \quad \frac{2}{3} < \log 2 < \frac{3}{4} \quad \cdots\cdots \quad \textcircled{1}$$

という評価を得た. 評価の精度を上げる方法を考えよう.

(1) 細かく分割していくつかの台形の面積の和を使うと, S の値との差は小さくなるはずである. $1 \leqq x \leqq \dfrac{3}{2}$, $\dfrac{3}{2} \leqq x \leqq 2$ に分けて前問と同様の評価をすることで, $A < \log 2 < B$ となる有理数 A, B を求めよ.

(2) 前問で得た評価①の両端の数の平均をとると,

$$\log 2 \fallingdotseq \frac{1}{2}\Big(\frac{2}{3} + \frac{3}{4}\Big) = \frac{17}{24} = 0.7083333\cdots\cdots$$

という近似を得る. $\log 2 = 0.6931471\cdots\cdots$ であるから, 良い近似ではあるが, もっと工夫できるはずである. ①の両端のうち, $\log 2$ に近いのは左側であるから, 平均 (つまり, 数直線上での中点) ではなく, $1:2$ に内分する点を考えてみると,

$$\log 2 \fallingdotseq \frac{1}{3}\Big(2 \cdot \frac{2}{3} + 1 \cdot \frac{3}{4}\Big) = \frac{25}{36} = 0.6944444\cdots\cdots$$

という近似を得る. 分割の個数を増やしていないのに, 良い評価である.

この近似は, 一般化して公式にすると,

$$\int_a^b f(x)dx \fallingdotseq \frac{1}{3}\Big(2 \cdot f\Big(\frac{a+b}{2}\Big) + \frac{f(a)+f(b)}{2}\Big)(b-a)$$
$$= \frac{b-a}{6}\Big(f(a) + f(b) + 4f\Big(\frac{a+b}{2}\Big)\Big)$$

ということになっている. これが良い近似を生むことはよく知られていて, 実は $f(x) = px^3 + qx^2 + rx + s$ (p, q, r, s は実数) であるときは

$$\int_a^b f(x)dx = \frac{b-a}{6}\Big(f(a) + f(b) + 4f\Big(\frac{a+b}{2}\Big)\Big)$$

が成り立つ (これをシンプソンの公式という).

$f(x)$ が 1, x, x^2, x^3 のときに, 公式の等号が成り立つことを示せ.

【ヒント】

この問題では，地道に計算を実行してもらいたい．

この観点がなかった人は，改めて考えてみよう！

【解答・解説】

(1) S よりも大きい台形の面積の和 B は，

$$\left(1+\frac{2}{3}\right)\cdot\frac{1}{2}\cdot\frac{1}{2}+\left(\frac{2}{3}+\frac{1}{2}\right)\cdot\frac{1}{2}\cdot\frac{1}{2}=\frac{17}{24}$$

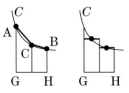

である（(2)の問題文を見よ．①で両端の平均

をとったものと等しい）．S よりも小さい台形（長方形）の面積の和 A は，

$$\frac{4}{5}\cdot\frac{1}{2}+\frac{4}{7}\cdot\frac{1}{2}=\frac{24}{35}$$

である（$A=0.6857142\cdots\cdots$ である）．

(2) シンプソンの公式を証明する．公式の左辺は，

$$\int_a^b dx=b-a,\ \int_a^b x^n dx=\frac{b^{n+1}-a^{n+1}}{n+1}\ (n=1,\ 2,\ 3)$$

である．順に公式の右辺を計算していく．

$$\frac{b-a}{6}(1+1+4\cdot1)=b-a$$

$$\frac{b-a}{6}\left(a+b+4\cdot\frac{a+b}{2}\right)=\frac{(b-a)(b+a)}{2}=\frac{b^2-a^2}{2}$$

$$\frac{b-a}{6}\left(a^2+b^2+4\left(\frac{a+b}{2}\right)^2\right)=\frac{(b-a)(b^2+ab+a^2)}{3}=\frac{b^3-a^3}{3}$$

$$\frac{b-a}{6}\left(a^3+b^3+4\left(\frac{a+b}{2}\right)^3\right)=\frac{(b-a)(b^3+ab^2+a^2b+a^3)}{4}=\frac{b^4-a^4}{4}$$

■

※ (1)は，分割の個数を限りなく大きくすると，面積に収束する．これ
は区分求積法の応用である．

(2)のシンプソンの公式は，4次関数の積分では等号成立しない（x^4 で
確かめてみよ）．しかし，この計算は，曲線を2次関数で近似してから面
積を求めていることに相当し，どんな関数でも良い評価を与えてくれる．
さらに，分割の個数を増やすと，とても精度の高い近似が得られる！

シンプソンの公式 $\int_a^b f(x)dx \fallingdotseq \dfrac{b-a}{6}\left(f(a)+f(b)+4f\left(\dfrac{a+b}{2}\right)\right)$ を用いて定積分の近似値を考えよう. 必要に応じて Excel などを用いてよい.

（1） 問題 4-2,3 の S について, 閉区間 $[1,\ 2]$ を $\left[1,\ \dfrac{4}{3}\right]$, $\left[\dfrac{4}{3},\ \dfrac{5}{3}\right]$, $\left[\dfrac{5}{3},\ 2\right]$ に 3 等分し, 各区間でシンプソンの公式を用いることで $S=\displaystyle\int_1^2 \dfrac{dx}{x}$ の近似値を求めよ.

（2） 三角関数の値が右の表のように与えられている. $\displaystyle\int_0^{\frac{\pi}{3}} \sin x\,dx = \Big[-\cos x\Big]_0^{\frac{\pi}{3}} = \dfrac{1}{2}$ である. 区間を 3 等分し, 各区間でシンプソンの公式を用いて, 積分の近似値を求めよ (π を用いてよい). それを利用して, 円周率 π の近似値を求めよ.

θ	$\sin\theta$
10°	0.1736
20°	0.3420
30°	0.5000
40°	0.6428
50°	0.7660
60°	0.8660

【ヒント】

ひたすら計算するのみである.

実用においては, 積分の完全に正確な値は不要であることも多い. そこで近似値を求める方法が開発されており, これもその 1 つである. 手間はかかるが, 現実問題としての積分を体感してもらいたい.

この観点がなかった人は, 改めて考えてみよう！

【解答・解説】

（1）
$$S = \int_1^{\frac{4}{3}} \frac{1}{x}dx + \int_{\frac{4}{3}}^{\frac{5}{3}} \frac{1}{x}dx + \int_{\frac{5}{3}}^{2} \frac{1}{x}dx$$
$$\fallingdotseq \frac{1}{6}\cdot\frac{1}{3}\left(1+\frac{3}{4}+4\cdot\frac{6}{7}\right) + \frac{1}{6}\cdot\frac{1}{3}\left(\frac{3}{4}+\frac{3}{5}+4\cdot\frac{2}{3}\right)$$
$$\quad + \frac{1}{6}\cdot\frac{1}{3}\left(\frac{3}{5}+\frac{1}{2}+4\cdot\frac{6}{11}\right)$$
$$= \frac{1}{18}\left(1+4\cdot\frac{6}{7}+2\cdot\frac{3}{4}+4\cdot\frac{2}{3}+2\cdot\frac{3}{5}+4\cdot\frac{6}{11}+\frac{1}{2}\right)$$

である．Excel を用いる．「=1/18*(1+24/7+3/2+8/3+6/5+24/11+1/2)」と
入力すれば良い．0.6931697 …… と出力される（$\log 2 = 0.6931471$ ……
とは小数第 4 位まで一致している）．

（2）（1）の計算から，「もとの両端での値だけそのまま足し，小区間の端
は 2 倍し，小区間の中央は 4 倍する」という法則を見出せる．

$$\int_0^{\frac{\pi}{3}} \sin x\, dx = \int_0^{\frac{\pi}{9}} \sin x\, dx + \int_{\frac{\pi}{9}}^{\frac{2\pi}{9}} \sin x\, dx + \int_{\frac{2\pi}{9}}^{\frac{\pi}{3}} \sin x\, dx$$

$$\fallingdotseq \frac{1}{6} \cdot \frac{\pi}{9}(\sin 0° + 4 \cdot \sin 10° + 2 \cdot \sin 20° + 4 \cdot \sin 30°$$
$$+ 2 \cdot \sin 40° + 4 \cdot \sin 50° + \sin 60°)$$

$$= \frac{8.594}{54}\pi$$

である．

　これにより π の近似値を得る．

$$\frac{8.594}{54}\pi \fallingdotseq 0.5 \qquad \therefore \quad \pi \fallingdotseq \frac{27}{8.594} = 3.1417 \cdots\cdots$$

である．$\pi = 3.1415926 \cdots\cdots$ であるから小数第 3 位まで一致している．

■

※　もっと細かく小区間に分けると，もっと近似の精度は高くなる．しか
し，(2) では小数第 5 位で四捨五入した値 (三角関数の値の表) を用いる
ことになるから，その精度にも限界はある．

問題 4-5

$y = \sin x$ の $0 \leqq x \leqq \pi$ の部分と x 軸で囲まれる部分の面積を S とおく. S を求めよ. また, (1)〜(3)では, 各値を $aS + b$ (a, b は実数)の形で表せ.

(1) $y = \cos x$ の $0 \leqq x \leqq \dfrac{\pi}{2}$ の部分と x 軸, y 軸で囲まれる部分の面積

(2) $y = \sin 5x$ の $0 \leqq x \leqq \dfrac{\pi}{2}$ の部分と x 軸で囲まれる部分の面積

(3) 定積分 $\displaystyle\int_0^{\frac{\pi}{2}} \sin 5x \, dx$

(4) $S < \displaystyle\int_0^{\pi} e^x \sin x \, dx < e^{\pi} S$ が成り立つことを証明せよ.

【ヒント】

(1)〜(3)では図を描いて, S との関係を調べよ.

(4)は被積分関数が積で表されている. 左辺 S, 右辺 $e^{\pi} S$ の意味を考えよう. e^x の最大値, 最小値および $\sin x \geqq 0$ に注目しよう.

この観点がなかった人は, 改めて考えてみよう!

【解答・解説】

$$S = \int_0^{\pi} \sin x \, dx = \Big[-\cos x \Big]_0^{\pi}$$
$$= -(-1) + 1 = 2$$

S は図のような面積である. これを利用して各面積を考える.

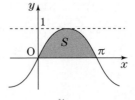

(1) $y = \cos x$ のグラフは, $y = \sin x$ のグラフを x 軸方向に $-\dfrac{\pi}{2}$ だけ平行移動したものである. $0 \leqq x \leqq \dfrac{\pi}{2}$ の部分の面積は $\dfrac{S}{2}$ である.

(2) $y = \sin 5x$ のグラフを x 軸方向に 5 倍拡大すると, $y = \sin x$ のグラフになる. つまり, $y = \sin 5x$ のグラフの山 1 個分の面積を 5 倍したら S である. よって, 図の色を付けた部分の面積を順に考えて

$$\frac{S}{5}+\frac{S}{5}+\frac{1}{2}\cdot\frac{S}{5}=\frac{S}{2}$$

(3) （2）と同じように考えると

$$\int_0^{\frac{\pi}{2}}\sin 5x\,dx=\frac{S}{5}-\frac{S}{5}+\frac{S}{10}=\frac{S}{10}$$

別解として，一周期分の積分が0になるこ
とを利用する．

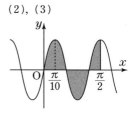

(2), (3)

$$\int_0^{\frac{\pi}{2}}\sin 5x\,dx=\int_0^{\frac{\pi}{10}}\sin 5x\,dx+\int_{\frac{\pi}{10}}^{\frac{\pi}{2}}\sin 5x\,dx=\int_0^{\frac{\pi}{10}}\sin 5x\,dx$$

さらに$5x=t$と置換すると，

$$\int_0^{\frac{\pi}{10}}\sin 5x\,dx=\int_0^{\frac{\pi}{2}}\frac{1}{5}\sin t\,dt=\frac{1}{5}\cdot\frac{S}{2}=\frac{S}{10}$$

(4) $0\leqq x\leqq\pi$ において，$1\leqq e^x\leqq e^{\pi}$，$\sin x\geqq 0$ であるから

$$\sin x\leqq e^x\sin x\leqq e^{\pi}\sin x \quad \cdots\cdots \quad ①$$

が成り立つ．①で等号が成り立つのは $x=0$，π のときのみであるから，

$$\int_0^{\pi}\sin x\,dx<\int_0^{\pi}e^x\sin x\,dx<e^{\pi}\int_0^{\pi}\sin x\,dx$$

$$\therefore\quad S<\int_0^{\pi}e^x\sin x\,dx<e^{\pi}S$$

が成り立つ（ここでは等号は成り立たない！）．

■

※　関数の値の大小関係が決まっていたら，定積分の値の大小も決まる．
面積の大小が決まるからである．

　　$a<b$ かつ $c<d$ のとき，$ac<bd$ は成り立つだろうか？

　　$a=-4$，$b=-3$，$c=-2$，$d=-1$ のとき，$a<b$ かつ $c<d$ であるが，

$$ac=8>bd=3$$

である．上記は成り立たない．

　　$\underline{0<a<b}$ かつ $\underline{0<c<d}$ のときは $ac<bd$ である．また，$a>0$，$c<d$
のとき $ac<ad$ が成り立つ．積の大小を考えるときは，符号に注意してお
こう．例えば，（4）で，もし積分区間が $0\leqq x\leqq 2\pi$ になっていたら，最
大値，最小値による評価はできなかったのである．

n を自然数とする．極限 $\displaystyle\lim_{n\to\infty}\int_0^1 x^n\,dx$, $\displaystyle\lim_{n\to\infty}\int_0^1 \frac{e^x(1-x)\sqrt{3x+1}}{x^2+1}\cdot x^n\,dx$ を求めよ．

【ヒント】

　1つ目は積分を計算してから極限を考える．2つ目を積分するのは難しそうである．n と無関係な部分の処理を考えると，積分計算ができなくても極限だけを求めることができる．

　この観点がなかった人は，改めて考えてみよう！

【解答・解説】

$$\int_0^1 x^n\,dx = \left[\frac{x^{n+1}}{n+1}\right]_0^1 = \frac{1}{n+1} \qquad \therefore\ \lim_{n\to\infty}\int_0^1 x^n\,dx = 0$$

である．$0 \leqq x \leqq 1$ において，$x^n \geqq 0$ であり，

$$1 \leqq e^x \leqq e,\ 0 \leqq 1-x \leqq 1,\ 1 \leqq x^2+1 \leqq 2$$
$$1 \leqq \sqrt{3x+1} \leqq 2$$

であるから，

$$\frac{1\cdot 0\cdot 1}{2} \leqq \frac{e^x(1-x)\sqrt{3x+1}}{x^2+1} \leqq \frac{e\cdot 1\cdot 2}{1}$$
$$\therefore\quad 0 \leqq \frac{e^x(1-x)\sqrt{3x+1}}{x^2+1}\cdot x^n \leqq 2e x^n$$

が成り立つ．よって，

$$0 \leqq \int_0^1 \frac{e^x(1-x)\sqrt{3x+1}}{x^2+1}\cdot x^n\,dx \leqq 2e\int_0^1 x^n\,dx$$

が成り立ち，$\displaystyle\lim_{n\to\infty}2e\int_0^1 x^n\,dx = 0$ であるから，はさみうちの原理より

$$\lim_{n\to\infty}\int_0^1 \frac{e^x(1-x)\sqrt{3x+1}}{x^2+1}\cdot x^n\,dx = 0$$

■

問題 4-7

$f(x) = e^x$ は実数全体で定義された関数で，単調に増加する．値域は $y > 0$ である．よって，逆関数 $g(x)$ が存在し，その定義域は $x > 0$ で，値域は実数全体である．この範囲内の x, y について，$y = g(x)$ と $x = e^y$ が同値である．$I = \int_1^e g(x)\,dx$ をいくつかの方法で求めたい．

(1) $g(x)$ を求めることにより，I を求めよ．

(2) $x = e^y$ を利用して置換積分を行い，y が積分変数の積分で表すことにより，I を求めよ．

(3) I は $y = g(x)$ のグラフと関係するある面積を表す．グラフの対称性により，$y = f(x)$ のグラフと関係するある面積と一致する．その面積として I を求めよ．

【ヒント】

指数関数の逆関数は，対数関数である．

(1)において，対数関数の積分は，$1 = x'$ を利用し，部分積分を行う．

(2)の方法は，逆関数 $g(x)$ を求めることができなくても実行できる．逆関数の微分を利用して置き換えることになるが，そのために $x = e^y$ の両辺を x で微分すると良い．**問題 3-8,11,12** を参照せよ．

(3)の方法も，逆関数 $g(x)$ を求めることができなくても実行できる．$f(x)$ の積分に帰着でき，計算が楽になることも多い．

この観点がなかった人は，改めて考えてみよう！

【解答・解説】

(1) $g(x) = \log x$ である．

$$
\begin{aligned}
I &= \int_1^e \log x\,dx = \int_1^e (x)' \log x\,dx \\
&= \Big[x \log x \Big]_1^e - \int_1^e x(\log x)'\,dx = e - 0 - \int_1^e x \cdot \frac{1}{x}\,dx \\
&= e - \int_1^e dx = e - (e - 1) \\
&= 1
\end{aligned}
$$

(2)　$x = e^y$ の両辺を x で微分することで

$$1 = e^y \cdot \frac{dy}{dx} \quad \therefore \quad dx = e^y \, dy$$

である．$1 = e^0$，$e = e^1$ であるから，

$$I = \int_1^e g(x) \, dx = \int_0^1 y e^y \, dy = \int_0^1 y (e^y)' \, dy$$

$$= \left[y e^y \right]_0^1 - \int_0^1 (y)' e^y \, dy = e - 0 - \int_0^1 e^y \, dy$$

$$= e - \left[e^y \right]_0^1 = e - (e - 1)$$

$$= 1$$

(3)　$y = f(x)$ と $y = g(x)$ のグラフは $y = x$ について対称である．

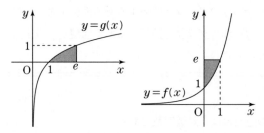

　　I は，$y = g(x)$ のグラフと $x = e$，x 軸で囲まれる部分の面積である．これは，$y = f(x)$ のグラフと $y = e$，y 軸で囲まれる部分の面積と等しい．長方形の面積から，$y = f(x)$ のグラフと $x = 0$，$x = 1$，x 軸で囲まれる部分の面積を引けば良い．

　　よって，

$$I = 1 \cdot e - \int_0^1 e^x \, dx = e - \left[e^x \right]_0^1 = e - (e - 1) = 1$$

■

※　逆関数は，微分も積分も慣れていないと扱いにくい．積分について，もう1問やってみよう．

【問題 4-8】

$-\dfrac{\pi}{2}<x<\dfrac{\pi}{2}$ において $f(x)=\tan x$ を考える. 単調増加する関数で, 値域は実数全体である. よって, 逆関数 $g(x)$ が存在し, 定義域は実数全体であり, 値域は $-\dfrac{\pi}{2}<y<\dfrac{\pi}{2}$ である. この範囲内の x, y について, $y=g(x)$ と $x=\tan y$ が同値である.

(1) $g'(x)$ を x の式で表せ. また, $g(0)$ を求めよ.

(2) $g(x)$ を定積分を用いて表せ. ただし, 積分変数は t にせよ.

【ヒント】

逆関数の微分は前問を参考にせよ. 導関数 $g'(x)$ が分かれば, それを積分したものが $g(x)$ である. 定積分の積分区間を $0\leqq t\leqq x$ とすれば, $g(0)$ を利用して $g(x)$ を求めることができる.

この観点がなかった人は, 改めて考えてみよう！

【解答・解説】

(1) $x=\tan y$ の両辺を x で微分する.

$$1=\dfrac{1}{\cos^2 y}\cdot g'(x) \qquad \therefore \quad g'(x)=\cos^2 y=\dfrac{1}{1+\tan^2 y}=\dfrac{1}{1+x^2}$$

である. $0=\tan y$ を満たす $-\dfrac{\pi}{2}<y<\dfrac{\pi}{2}$ の範囲内の y が $g(0)$ であるから, $g(0)=0$ である.

(2) $h(x)=\displaystyle\int_0^x g'(t)dt$ とすると, $h'(x)=g'(x)$, $h(0)=0$ であるから, $h(x)=g(x)$ である. よって,

$$g(x)=\int_0^x g'(t)dt=\int_0^x \dfrac{1}{1+t^2}dt$$

∎

※ 問題 4-16 で $g(1)$ を考える. $1=\tan y$ を満たす $-\dfrac{\pi}{2}<y<\dfrac{\pi}{2}$ の範囲内の y である.

$\displaystyle\int_0^{\frac{\pi}{2}} \sin^4 x\, dx$, $\displaystyle\int_0^{\frac{\pi}{2}} \sin^5 x\, dx$ はどちらが計算しやすいだろう．5 が奇数であることを利用すると，以下のように変形し，積分計算できる．

$$\sin^5 x = (1-\cos^2 x)^2 \sin x = (1-2\cos^2 x + \cos^4 x)\sin x$$

4 乗の方は倍角の公式を繰り返し使い，積分できる形を作る方法がある．

$$\sin^4 x = \left(\frac{1-\cos 2x}{2}\right)^2 = \frac{1-2\cos 2x + \cos^2 2x}{4}$$
$$= \frac{1-2\cos 2x}{4} + \frac{1}{4}\cdot\frac{1+\cos 4x}{2} = \frac{3}{8} - \frac{\cos 2x}{2} + \frac{\cos 4x}{8}$$

(1) これらを用いて，2 つの積分を計算せよ．

(2) $(\sin^5 x)' = 5\sin^4 x \cos x$ である．これを利用して，

$$\sin^4 x = \frac{(\sin^5 x)'}{5\cos x} \quad \therefore \quad \int \sin^4 x\, dx = \frac{\sin^5 x}{5\cos x} + C$$

と計算することはできるか考察せよ（C は積分定数である）．

(3) $0 \leqq x \leqq \dfrac{\pi}{2}$ で連続な関数 $f(x)$ を自由に定めて，$\displaystyle\int_0^{\frac{\pi}{2}} \sin^4 x \cdot f(x)\, dx$ を計算せよ．

【ヒント】

$((g(x))^n)' = n(g(x))^{n-1}g'(x)$, $(g(ax+b))' = ag'(ax+b)$ である．これらの微分の公式から，逆算的に積分の計算を行う．

(2) では，右辺を微分したものが $\sin^4 x$ になるかどうかを確認せよ．

(3) では，$f(x) = \dfrac{1}{\sin^4 x}$ などはルール違反である．$x=0$ が定義域に入っておらず，また連続であるように $f(0)$ を定めることができないからである．これまでの流れを踏まえて，適当な関数を探してみよう．

この観点がなかった人は，改めて考えてみよう！

【解答・解説】

（1） $$\int_0^{\frac{\pi}{2}} \sin^4 x\, dx = \int_0^{\frac{\pi}{2}} \left(\frac{3}{8} - \frac{\cos 2x}{2} + \frac{\cos 4x}{8} \right) dx$$

$$= \left[\frac{3x}{8} - \frac{\sin 2x}{4} + \frac{\sin 4x}{32} \right]_0^{\frac{\pi}{2}} = \frac{3\pi}{16}$$

$$\int_0^{\frac{\pi}{2}} \sin^5 x\, dx = -\int_0^{\frac{\pi}{2}} (1 - 2\cos^2 x + \cos^4 x)(\cos x)' \, dx$$

$$= -\left[\cos x - \frac{2\cos^3 x}{3} + \frac{\cos^5 x}{5} \right]_0^{\frac{\pi}{2}} = 1 - \frac{2}{3} + \frac{1}{5} = \frac{8}{15}$$

（2） あのような計算はできない．（1）のように定数倍を調整するのに逆数をかけることはあるが，関数倍の調整はできない．実際，

$$\left(\frac{\sin^5 x}{5\cos x} \right)' = \frac{5\sin^4 x \cos x \cdot \cos x - \sin^5 x(-\sin x)}{5\cos^2 x}$$

は，$\sin^4 x$ にならない．

（3） $f(x) = (\sin x)' = \cos x$ とすると，連続関数である．

$$\int_0^{\frac{\pi}{2}} \sin^4 x \cos x\, dx = \left[\frac{\sin^5 x}{5} \right]_0^{\frac{\pi}{2}} = \frac{1}{5}$$

∎

※ （3）では $f(x) = 0$ という定数の関数を採用することもできる．もちろん連続であり，

$$\int_0^{\frac{\pi}{2}} \sin^4 x \cdot 0 \, dx = \int_0^{\frac{\pi}{2}} 0 \, dx = 0$$

である．これならルール違反ではない！

積分では式の形からの逆算・連想が重要である. n は自然数とする.

（1） $(x^n e^x)' = (x^n + nx^{n-1})e^x$ である. これを利用し, $\int x^3 e^x \, dx$ を求めよ.

（2） $\displaystyle\sum_{k=0}^{n} \frac{{}_n\mathrm{C}_k}{k+1} 2^{k+1}$ を, 0 から 2 までの定積分を利用して計算せよ.

【ヒント】

$\int x^3 e^x \, dx = (3\text{次式}) \cdot e^x + C$ という形になると連想できる. $n = 1,\ 2,\ 3$ のときの $(x^n e^x)' = (x^n + nx^{n-1})e^x$ を組み合わせよう.

（2）では二項定理を連想できる. 求めるものを $\left[\displaystyle\sum_{k=0}^{n} \frac{{}_n\mathrm{C}_k}{k+1} x^{k+1} \right]_0^2$ と逆算し, 被積分関数を特定しよう.

この観点がなかった人は, 改めて考えてみよう！

【解答・解説】

（1） $(x^3 + ax^2 + bx + c)e^x$ という形になるはずで, これを微分すると,
$$\{(x^3 + 3x^2) + a(x^2 + 2x) + b(x+1) + c\}e^x$$
となる. この 3 次式部分 { } が x^3 と一致するのは
$$a + 3 = 0,\ 2a + b = 0,\ b + c = 0$$
$$\therefore\quad a = -3,\ b = 6,\ c = -6$$
のときである. よって,
$$\int x^3 e^x \, dx = (x^3 - 3x^2 + 6x - 6)e^x + C \quad (C \text{ は積分定数})$$

（2）
$$\sum_{k=0}^{n} \frac{{}_n\mathrm{C}_k}{k+1} 2^{k+1} = \left[\sum_{k=0}^{n} \frac{{}_n\mathrm{C}_k}{k+1} x^{k+1} \right]_0^2 = \int_0^2 \left(\sum_{k=0}^{n} \frac{{}_n\mathrm{C}_k}{k+1} x^{k+1} \right)' dx$$
$$= \int_0^2 \left(\sum_{k=0}^{n} {}_n\mathrm{C}_k x^k \right) dx = \int_0^2 (x+1)^n \, dx = \left[\frac{(x+1)^{n+1}}{n+1} \right]_0^2$$
$$= \frac{3^{n+1} - 1}{n+1}$$

■

問題 4-11

極限 $\displaystyle\lim_{n\to\infty}\sum_{k=1}^{n}\frac{1}{n}e^{\frac{k}{n}}$ を，積分を用いずに計算し，積分を用いても計算せよ.

【ヒント】

　和の計算をするとき，n は固定された定数であるから，等比数列の和の公式を利用する.n だけの式になったら,$n\to\infty$ のときの極限を考えよう. e^x は連続関数であるから,定積分は計算でき,それが和の極限で表せる(この和の極限は無限級数ではない!問題 2-16 のコメントを参照).

　この観点がなかった人は，改めて考えてみよう！

【解答・解説】

　$f(x)=e^x$ とおく.

$$\lim_{n\to\infty}\sum_{k=1}^{n}\frac{1}{n}e^{\frac{k}{n}}=\lim_{n\to\infty}\frac{1}{n}\cdot\frac{e^{\frac{1}{n}}\left(e^{\frac{n}{n}}-1\right)}{e^{\frac{1}{n}}-1}=\lim_{n\to\infty}\frac{\frac{1}{n}}{e^{\frac{1}{n}}-1}\cdot e^{\frac{1}{n}}(e-1)$$

$$=1\cdot e^0(e-1)=e-1$$

ここで，$f(x)$ の $x=0$ における微分係数 $\displaystyle\lim_{h\to 0}\frac{e^h-1}{h}=f'(0)=1$ を利用した. 次に，$f(x)$ は連続であるから，

$$\lim_{n\to\infty}\sum_{k=1}^{n}\frac{1}{n}e^{\frac{k}{n}}=\lim_{n\to\infty}\sum_{k=1}^{n}\frac{1}{n}f\left(\frac{k}{n}\right)=\int_0^1 f(x)dx=\left[e^x\right]_0^1=e-1$$

■

※　区分求積法の正しさを確認できた. 公式

$$\lim_{n\to\infty}\sum_{k=1}^{n}\frac{1}{n}f\left(\frac{k}{n}\right)=\int_0^1 f(x)dx$$

の成り立ちは，①定積分は面積である，②細長方形の面積の和の極限が面積と一致する（連続であるとき），③和の極限は定積分に収束する，という流れであることを意識しておこう. 次は,①について考えていこう.

次の定積分について，続く問いに答えよ.

$$\int_0^{\frac{\pi}{2}} \cos^2 x\,dx = \int_0^{\frac{\pi}{2}} \frac{1+\cos 2x}{2}\,dx = \frac{1}{2}\left[x + \frac{1}{2}\sin 2x\right]_0^{\frac{\pi}{2}} = \frac{\pi}{4}$$

(1) 積分の値は，長方形 $0 \leqq x \leqq \dfrac{\pi}{2}$，$0 \leqq y \leqq \dfrac{1}{2}$ の面積と一致している. この理由を，$y = \cos 2x$ のグラフの形状に言及して説明せよ.

(2) 積分の値は，$x^2 + y^2 = 1$，$x \geqq 0$，$y \geqq 0$ の面積と一致している. この理由を，$t = \sin x$ $\left(0 \leqq x \leqq \dfrac{\pi}{2}\right)$ とおくことで説明せよ.

【ヒント】

　三角関数のグラフは同じ形の繰り返しである. 面積を求めるために定積分を用いて立式するが，定積分がどんな図形の面積と関連するかを捉えることも重要である.

　この観点がなかった人は，改めて考えてみよう！

【解答・解説】

(1) 長方形の面積は，$\displaystyle\int_0^{\frac{\pi}{2}} \frac{1}{2}\,dx$ である. 積分の値と面積が一致するのは，

$\displaystyle\int_0^{\frac{\pi}{2}} \cos 2x\,dx$ が 0 になるからである. その理由を考える.

$y = \cos 2x$ $\left(0 \leqq x \leqq \dfrac{\pi}{2}\right)$ のグラフは，点

$\left(\dfrac{\pi}{4},\, 0\right)$ に関して対称である. よって，

$$\int_{\frac{\pi}{4}}^{\frac{\pi}{2}} \cos 2x\,dx = -\int_0^{\frac{\pi}{4}} \cos 2x\,dx$$

$$\therefore \quad \int_0^{\frac{\pi}{2}} \cos 2x\,dx = \int_0^{\frac{\pi}{4}} \cos 2x\,dx + \int_{\frac{\pi}{4}}^{\frac{\pi}{2}} \cos 2x\,dx = 0$$

(2) $t = \sin x \left(0 \leqq x \leqq \dfrac{\pi}{2} \right)$ とおく. $\cos x > 0$ であるから,

$$\cos x = \sqrt{1 - \sin^2 x} = \sqrt{1 - t^2}$$

である. $x = 0, \dfrac{\pi}{2}$ のとき $t = 0, 1$ であり, $dt = \cos x\, dx$ であるから,

$$\int_0^{\frac{\pi}{2}} \cos^2 x\, dx = \int_0^{\frac{\pi}{2}} \cos x \cdot \cos x\, dx = \int_0^1 \sqrt{1 - t^2}\, dt$$

である. これは, $x^2 + y^2 = 1$, $x \geqq 0$, $y \geqq 0$ の面積を表している.

∎

※ 定積分（原始関数に2つの値を代入した差）で面積を求めることができる理由を思い出そう. 一言で言うと,「面積を積分変数で微分したもの」を積分するからである. 高校数学では, それが「y 軸と平行な線分の長さ」になることが多い. つまり, 面積を考える領域を,「y 軸と平行な線分」が通過して得られる図形と考える.

連続関数 $f(x)$ が区間 $[a, b]$ で常に $f(x) \geqq 0$ であるとき, 定積分 $\displaystyle\int_a^b f(x)\, dx$ は $0 \leqq y \leqq f(x)$, $a \leqq x \leqq b$ の面積を表す. その理由を考える.

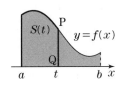

図のように $0 \leqq y \leqq f(x)$, $a \leqq x \leqq t$ の面積を $S(t)$ とおく（領域を, 線分 PQ の動く範囲と見ている）. $S(a) = 0$ で, 考える面積は $S(b)$ である. $h > 0$ に対し, $0 \leqq y \leqq f(x)$, $t \leqq x \leqq t + h$ の面積は $S(t + h) - S(t)$ と表され, この間の線分 PQ の長さの最大値 M と最小値 m を用いてはさむことができる.

$$mh \leqq S(t + h) - S(t) \leqq Mh \qquad \therefore \quad m \leqq \frac{S(t+h) - S(t)}{h} \leqq M$$

$h \to 0$ のとき, m, M は線分 PQ の長さである $f(t)$ に限りなく近づき,

$$S'(t) = \lim_{h \to 0} \frac{S(t+h) - S(t)}{h} = f(t)$$

が成り立つ. $S(t)$ は $f(t)$ の原始関数の1つである. $S(a) = 0$ であるから, $S(t) = \displaystyle\int_a^t f(x)\, dx$ であり, 考えている面積 $S(b)$ は $\displaystyle\int_a^b f(x)\, dx$ である.

2曲線 $y=x^2$, $y=x$ で囲まれる領域

$$D : x^2 \leqq y \leqq x, \ 0 \leqq x \leqq 1$$

の面積を考える. $0 \leqq t \leqq 1$ に対し,動点 P(t, t^2), Q(t, t) を考える.

(1) D は,t が $0 \leqq t \leqq 1$ を満たして動くときに線分 PQ が動いてできる図形である. この観点から,線分 PQ の長さを利用して D の面積を求めよ.

(2) D は,t が $0 \leqq t \leqq 1$ を満たして動くときに線分 OP が動いてできる図形と考えることもできる. 線分 OP の長さは $\mathrm{OP}=t\sqrt{1+t^2}$ である. 定積分 $\int_0^1 x\sqrt{1+x^2}\,dx$ を計算せよ. その際, $x=\tan\theta \ \left(-\dfrac{\pi}{2}<\theta<\dfrac{\pi}{2}\right)$ と置換せよ.

(3) (1)と(2)の計算結果は一致しなかったはずである. (2)では面積を求めることができない.「長さを積分したら面積」は,一般的には成り立たない. 線分 OP の動く範囲として D の面積を求める方法を考える.

$0 \leqq s \leqq 1$ なる s について,$0 \leqq t \leqq s$ の範囲で t が動くときに線分 OP の動く範囲の面積を $S(s)$ とおく. $h>0$ に対し,$S(s+h)-S(s)$ を近似的に考える. P(s, s^2), P′($s+h$, $(s+h)^2$) とおく. $S'(s)$ を考えるのに $h \to 0$ とするとき,

$$S(s+h)-S(s)=\triangle \mathrm{OPP'}$$

と考えて良い. これを利用して,$S'(s)$ を求めよ. それを積分することで,D の面積を求めよ.

【ヒント】

(1)は,通常の面積の求め方と同じである. 積分変数は t にしても良いし x にしても良い.

(2)では面積にならないことを実感してもらいたい. 通常とは違う線分の通過領域と見ても,「面積を微分したもの」が分かれば,積分で面積を求めることができる. それが(3)である.

この観点がなかった人は,改めて考えてみよう！

【解答・解説】

（1）
$$\int_0^1 (x-x^2)\,dx = -\int_0^1 x(x-1)\,dx$$
$$= \frac{1^3}{6} = \frac{1}{6}$$

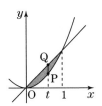

（2）$\displaystyle\int_0^1 x\sqrt{1+x^2}\,dx$ で，$x=\tan\theta \left(-\dfrac{\pi}{2}<\theta<\dfrac{\pi}{2}\right)$

とおくと，$x=0$，1 のとき，$\theta=0$，$\dfrac{\pi}{4}$であり，

$$dx = \frac{1}{\cos^2\theta}\,d\theta,\quad \sqrt{1+x^2} = \sqrt{1+\tan^2\theta} = \left|\frac{1}{\cos\theta}\right| = \frac{1}{\cos\theta}$$

$$\therefore\quad \int_0^1 x\sqrt{1+x^2}\,dx = \int_0^{\frac{\pi}{4}} \tan\theta \cdot \frac{1}{\cos\theta} \cdot \frac{1}{\cos^2\theta}\,d\theta$$

$$= \int_0^{\frac{\pi}{4}} \frac{\sin\theta}{\cos^4\theta}\,d\theta = \left[\frac{1}{3}\cdot\frac{1}{\cos^3\theta}\right]_0^{\frac{\pi}{4}} = \frac{1}{3}\left(2\sqrt{2}-1\right)$$

である．これは，（1）と一致しない．

（3）
$$\triangle\mathrm{OPP'} = \frac{1}{2}\left| s(s+h)^2 - s^2(s+h)\right|$$
$$= \frac{1}{2}\left| hs(s+h)\right| = \frac{hs(s+h)}{2}$$
$$\therefore\quad S'(s) = \lim_{h\to 0}\frac{S(s+h)-S(s)}{h}$$

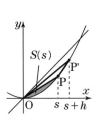

$$= \lim_{h\to 0}\frac{\triangle\mathrm{OPP'}}{h} = \lim_{h\to 0}\frac{s(s+h)}{2} = \frac{s^2}{2}$$

である．これを積分すると

$$\int_0^1 \frac{x^2}{2}\,dx = \left[\frac{x^3}{6}\right]_0^1 = \frac{1}{6}$$

であり，これが D の面積である．

■

※ 互いに交わらない線分の通る範囲として領域を捉えることができた
ら，面積の関数を考えることができ，それを微分する（微分ができると
きだけを考えているものとする）．面積の導関数を「面積速度」と呼ぶ
ことがある．面積速度を積分したら，面積が分かる！通常は，縦線 $x=t$
か横線 $y=t$ の通る範囲として領域を捉え，面積速度は「長さ」である．

定積分とは何であるか，確認しておこう．

> ある区間で連続な関数 $f(x)$ の不定積分の 1 つを $F(x)$ とするとき，区間に属する 2 つの実数 a, b に対して
>
> $$\int_a^b f(x)dx = F(b) - F(a)$$

上端と下端の数を代入した差というだけでない．これを踏まえて考える．

$$\int_{-1}^1 \frac{1}{x}dx = \Big[\log|x|\Big]_{-1}^1 = \log 1 - \log 1 = 0 \quad \cdots\cdots \quad ①$$

①に関して正しいものを次の ⓪〜② から選べ．

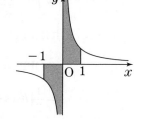

⓪ 右図の 2 つの面積が等しいことを表しており，①は正しい．

① 右図の 2 つの面積が等しい．それを S とおくことにより，

$$\int_{-1}^0 \frac{1}{x}dx + \int_0^1 \frac{1}{x}dx = (-S) + S = 0$$

と計算すべきで，①は正しくない．

② ①の書き方も許されず，①はまったく意味をなさない．

【ヒント】

「どう思うか？」ではなく，定義に照らしてどう判断すべきかを考えよ．

【解答・解説】

適当なものは②である．$x=0$ で被積分関数 $\dfrac{1}{x}$ が定義されず，積分する区間 $[-1,\ 1]$ で連続ではないからである． ■

※ 大学の積分では，広義積分 $\displaystyle\lim_{\varepsilon \to +0}\int_\varepsilon^1 \frac{1}{x}dx = \lim_{\varepsilon \to +0}(-\log\varepsilon) = +\infty$ である．

問題 4-15

置換積分について確認をしておく.

> 区間 $[\alpha,\ \beta]$ で微分可能な関数 $s=g(t)$ に対し, $g(\alpha)=a$, $g(\beta)=b$ であるとき, $\displaystyle\int_a^b f(s)ds = \int_\alpha^\beta f(g(t))g'(t)dt$ である.
>
> ※ 左辺 $\rightleftarrows$ 右辺のどちらも可能である. また, $\alpha<\beta$ でなくても良い.

s と t が1対1に対応している必要はない. これを踏まえて考える.

$$\int_{-1}^1 x^2\,dx = \left[\frac{1}{3}x^3\right]_{-1}^1 = \frac{1}{3}-\left(-\frac{1}{3}\right)=\frac{2}{3} \quad\cdots\cdots\ \text{①}$$

一方, $x=\dfrac{1}{t}$ とおくと, $dx=-\dfrac{1}{t^2}dt$ であり, 次のように計算できる.

$$\int_{-1}^1 x^2\,dx = \int_{-1}^1 \frac{1}{t^2}\cdot\left(-\frac{1}{t^2}\right)dt = \left[\frac{1}{3t^3}\right]_{-1}^1 = \frac{2}{3} \quad\cdots\cdots\ \text{②}$$

②に関して正しいものを次の ⓪ ～ ② から選べ.

⓪ ①と同じ計算結果であるから, ②は正しい.

① 被積分関数が負であるが, 計算結果が正の値で, ②は正しくない.

② 置換積分が間違っており, ②はまったく意味をなさない.

【ヒント】

$x=s$ で, $g(t)=\dfrac{1}{t}$ である. 前問同様, 定義に照らして判断せよ.

【解答・解説】

適当なものは ② である. $g(t)=\dfrac{1}{t}$ が $t=0$ で定義されず, $[-1,\ 1]$ で微分可能でない.

■

※ 前問と同様, 置換後の定積分は無意味である. これについては, 大学の積分では, $\displaystyle\int_0^1 x^2\,dx = \int_\infty^1 \frac{1}{t^2}\cdot\left(-\frac{1}{t^2}\right)dt$ という置換が可能である.

少し変わった置換積分①，②，③を実行してみる．正しい計算は1つだけである．誤りを含むものは，誤りである理由を指摘し，訂正せよ．

① $\displaystyle\int_0^1\frac{dx}{1+x^2}$ において，$x=\tan\theta$ とおく．

$$dx=\frac{d\theta}{\cos^2\theta},\ \tan 0=0,\ \tan\frac{5\pi}{4}=1$$

であるから，

$$\int_0^1\frac{dx}{1+x^2}=\int_0^{\frac{5\pi}{4}}\frac{1}{1+\tan^2\theta}\cdot\frac{d\theta}{\cos^2\theta}=\int_0^{\frac{5\pi}{4}}d\theta=\Big[\,\theta\,\Big]_0^{\frac{5\pi}{4}}=\frac{5\pi}{4}$$

② $\displaystyle\int_1^4\sqrt[3]{x}\,dx$ において，$x=t^2$ とおく．

$$dx=2t\,dt,\ (-1)^2=1,\ 2^2=4$$

であるから，

$$\int_1^4\sqrt[3]{x}\,dx=\int_{-1}^2\sqrt[3]{t^2}\cdot 2t\,dt=\left[\,\frac{3}{4}t^2\sqrt[3]{t^2}\,\right]_{-1}^2=\frac{3(4\sqrt[3]{4}-1)}{4}$$

③ $\displaystyle\int_0^1\sqrt{1-x^2}\,dx$ において，$x=\sin\theta$ とおく．

$$dx=\cos\theta\,d\theta,\ \sin\pi=0,\ \sin\frac{\pi}{2}=1$$

であるから，

$$\int_0^1\sqrt{1-x^2}\,dx=\int_{\pi}^{\frac{\pi}{2}}\sqrt{1-\sin^2\theta}\cdot\cos\theta\,d\theta=\int_{\pi}^{\frac{\pi}{2}}\cos^2\theta\,d\theta$$

$$=-\int_{\frac{\pi}{2}}^{\pi}\frac{1+\cos 2\theta}{2}\,d\theta=-\left[\frac{\theta}{2}+\frac{\sin 2\theta}{4}\right]_{\frac{\pi}{2}}^{\pi}=-\frac{\pi}{4}$$

【ヒント】

$\displaystyle\int_a^b f(s)ds=\int_\alpha^\beta f(g(t))g'(t)dt$ の $s=g(t)$ は，区間 $[\alpha,\ \beta]$ で微分可能でなければならない．また，定積分 $\displaystyle\int_a^b f(x)dx$ は「$x=a,\ b$」の定積分ではなく，「a から b まで」の定積分である．範囲で考えることが重要である．

この観点がなかった人は，改めて考えてみよう！

【解答・解説】

① 誤りである. 置換した後の積分の区間 $\left[0, \dfrac{5\pi}{4}\right]$ には, $\tan\theta$ が定まらない $\theta = \dfrac{\pi}{2}$ が含まれており, 微分可能でない. 積分の区間が $\left[0, \dfrac{\pi}{4}\right]$ や $\left[\pi, \dfrac{5\pi}{4}\right]$ となるように置換すると修正できる.

$$\int_0^1 \frac{dx}{1+x^2} = \int_0^{\frac{\pi}{4}} d\theta = \Big[\,\theta\,\Big]_0^{\frac{\pi}{4}} = \frac{\pi}{4}$$

$$\int_0^1 \frac{dx}{1+x^2} = \int_\pi^{\frac{5\pi}{4}} d\theta = \Big[\,\theta\,\Big]_\pi^{\frac{5\pi}{4}} = \frac{\pi}{4}$$

② 正しい. 通常は区間を $[1, 2]$ にするが, ②のように $[-1, 2]$ でも良い.

※ 上端と下端の大小が逆転するが, $[1, -2]$ となっても構わない.

$$\int_1^4 \sqrt[3]{x}\,dx = \int_1^{-2} \sqrt[3]{t^2} \cdot 2t\,dt = -\left[\,\frac{3}{4}t^2\sqrt[3]{t^2}\,\right]_{-2}^{1} = \frac{3(4\sqrt[3]{4}-1)}{4}$$

③ 誤りである. $\displaystyle\int_0^1 \sqrt{1-x^2}\,dx$ において, 被積分関数は常に 0 以上の値をとり, 上端 1 と下端 0 は大小順になっているから, 積分の値は 0 以上の数になる. しかし, ③の計算結果は負の数になっている.

　誤りの原因は, 積分区間が $\left[\dfrac{\pi}{2}, \pi\right]$ であることを計算に反映していないからである. この範囲内の θ について, $\cos\theta \leqq 0$ であることに注意したら, 修正できる.

$$\sqrt{1-\sin^2\theta} = \sqrt{\cos^2\theta} = |\cos\theta| = -\cos\theta$$

$$\therefore \quad \int_0^1 \sqrt{1-x^2}\,dx = -\int_\pi^{\frac{\pi}{2}} \cos^2\theta\,d\theta$$

$$= \int_{\frac{\pi}{2}}^\pi \frac{1+\cos 2\theta}{2}\,d\theta = \left[\frac{\theta}{2} + \frac{\sin 2\theta}{4}\right]_{\frac{\pi}{2}}^{\pi} = \frac{\pi}{4}$$

■

※ 定積分は, 端点で決まるのではない. 範囲で考えることが重要である. 範囲内で微分可能か? その範囲で適当な式変形になっているか?

置換積分を区分求積法の観点からとらえてみたい.

$$\int_0^1 x^2\,dx = \lim_{n\to\infty}\sum_{k=1}^n \frac{1}{n}\Big(\frac{k}{n}\Big)^2$$

である. 積分計算しても, 和を求めて極限計算しても, 結果は同じである.

$$\int_0^1 x^2\,dx = \left[\frac{1}{3}x^3\right]_0^1 = \frac{1}{3}$$

$$\lim_{n\to\infty}\sum_{k=1}^n \frac{1}{n}\Big(\frac{k}{n}\Big)^2 = \lim_{n\to\infty}\frac{1}{n^3}\sum_{k=1}^n k^2 = \lim_{n\to\infty}\frac{n(n+1)(2n+1)}{6n^3} = \frac{1}{3}$$

n を固定する. $0 \le y \le x^2$, $0 \le x \le 1$ の面積を考えるのに, 区間 $[0,\ 1]$ を次のように <u>n 等分</u>する.

$$\left[\frac{0}{n},\ \frac{1}{n}\right],\ \left[\frac{1}{n},\ \frac{2}{n}\right],\ \cdots\cdots,\ \left[\frac{n-1}{n},\ \frac{n}{n}\right]$$

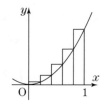

各区間の右端の高さを利用して n 個の長方形の和を考えているのが, 上記の区分求積法である.

高校数学は <u>n 等分</u>のみを考えるが, 等分でなかったらどうなるだろう?

$\sum_{k=1}^n (2k-1) = n^2$ を利用することを考えてみよう. つまり, 区間 $[0,\ 1]$ を次のように間隔の違う n 個に分ける. $n \to \infty$ のとき, どの間隔も 0 に限りなく近づくことに注意しよう.

$$\left[\frac{0}{n^2},\ \frac{1}{n^2}\right],\ \left[\frac{1}{n^2},\ \frac{4}{n^2}\right],\ \cdots\cdots,\ \left[\frac{n^2-2n+1}{n^2},\ \frac{n^2}{n^2}\right]$$

各区間の右端 $x = \dfrac{k^2}{n^2}$ $(k=1,\ 2,\ 3,\ \cdots\cdots,\ n)$ の高さを利用して長方形を作り, 面積を考える. つまり,

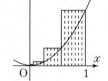

$\lim_{n\to\infty}\sum_{k=1}^n \dfrac{2k-1}{n^2}\Big(\dfrac{k^2}{n^2}\Big)^2$ である.

(1) 通常の区分求積法でこの極限を求めよ.

(2) (1)で得られた定積分と $\int_0^1 x^2\,dx$ との関係を考察せよ.

【ヒント】

(1)では区分求積の公式を適用せよ. 極限値は面積と一致するだろうか?

長方形の底辺が等長でないのは, 積分変数の "速度" が変化するということである. それが置換積分に対応している. $\int_0^1 x^2 dx$ の x をどのように置き換えることで, (1)で得られた積分になるだろうか?

この観点がなかった人は, 改めて考えてみよう!

【解答・解説】

(1)
$$\lim_{n \to \infty} \sum_{k=1}^{n} \frac{2k-1}{n^2} \left(\frac{k^2}{n^2} \right)^2 = \lim_{n \to \infty} \sum_{k=1}^{n} \left(\frac{1}{n} \cdot 2 \left(\frac{k}{n} \right)^5 - \frac{1}{n} \cdot \frac{1}{n} \cdot \left(\frac{k}{n} \right)^4 \right)$$
$$= \int_0^1 2x^5 \, dx - 0 \cdot \int_0^1 x^4 \, dx = \int_0^1 2x^5 \, dx = \left[\frac{x^6}{3} \right]_0^1 = \frac{1}{3}$$

(2) $\int_0^1 x^2 dx$ において, $x = t^2$ とおくと, $[0, 1]$ で微分可能である. さらに, $dx = 2t\,dt$, $0^2 = 0$, $1^2 = 1$ であるから,

$$\int_0^1 x^2 \, dx = \int_0^1 (t^2)^2 2t \, dt = \int_0^1 2t^5 \, dt$$

■

※ 大学の積分では, 等分以外の区分求積も考える. もう少し詳しく書くと,「どんな分け方でも, 区間の幅の最大値が十分小さいなら, 長方形の面積の和がある定数に十分近づく」ときに,「定積分(面積)が定まる」としている. だから, 高校の区分求積も, **問題 4-14** も, 本来の定積分の定義ではない! 被積分関数が連続(高校ではこの場合のみ考える)のときは, **問題 4-14** での計算(高校での定積分の定義)で面積が求まる.

本問を振り返ろう.

$$\left[\frac{0}{n^2}, \frac{1}{n^2} \right], \left[\frac{1}{n^2}, \frac{4}{n^2} \right], \cdots, \left[\frac{n^2 - 2n + 1}{n^2}, \frac{n^2}{n^2} \right]$$

という分け方について, $n = 1, 2, 3, \cdots$ とすると, "分け方の列" になる. $n \to \infty$ のとき, 区間の幅の最大値は0に限りなく近づく.

x^2 は連続だから, $\lim_{n \to \infty} \sum_{k=1}^{n} \frac{2k-1}{n^2} \left(\frac{k^2}{n^2} \right)^2 = \int_0^1 x^2 dx$ である.

定積分で表された関数について，次のような公式を学んだ．

$f(x)$ を連続な関数，a を定数とする．定積分 $\displaystyle\int_a^x f(t)\,dt$ は x の関数で，$f(x)$ の不定積分の1つである．つまり，

$$\frac{d}{dx}\int_a^x f(t)\,dt = f(x)$$

次の問 (1)，(2) について，この公式を誤用して得られた答案を以下に挙げる．誤っている点を指摘し，答案を修正せよ．

問 (1)　$f(x)=\displaystyle\int_0^x (x-t)\,dt$ で定める．導関数 $f'(x)$ を求めよ．

(2)　関数 $f(x)$ は $\displaystyle\int_0^x (x-t)f(t)\,dt = \sin x$ を満たす．$f(x)$ を求めよ．

誤答

(1)　公式を使うと，「被積分関数の t を x に変える」と良いから，

$$f'(x)=\frac{d}{dx}\int_0^x (x-t)\,dt = x-x=0$$

(2)　条件を変形すると

$$x\int_0^x f(t)\,dt - \int_0^x tf(t)\,dt = \sin x \quad \cdots\cdots \ ①$$

である．両辺を x で微分すると

$$1\int_0^x f(t)\,dt + x\cdot f(x) - xf(x) = \cos x$$

$$\therefore \quad \int_0^x f(t)\,dt = \cos x \quad \cdots\cdots \ ②$$

さらに，②の両辺を x で微分すると

$$f(x) = -\sin x \quad \cdots\cdots \ ③$$

【ヒント】

公式の $\displaystyle\int_a^x f(t)\,dt$ において，t は積分変数である．$f(t)$ は，x を変数と

する関数 $f(x)$ の x に t を代入したものであり, x が含まれることはない.

(1) の $\int_0^x (x-t)\,dt$ の $x-t$ は公式を使える形だろうか？積分してから微分しよう. あるいは, (2) の誤答例で②を得る部分を参考にせよ. (2) で (1) と同じことをすると, ②は $0 = \cos x$ となる.

(2) について. 関数として $f(x) = g(x)$ であるとき, 導関数も一致して, $f'(x) = g'(x)$ である. しかし, $f'(x) = g'(x)$ であっても, $f(x) = g(x)$ であるとは限らない. 一般に, $f(x) = g(x) + C$ である. x に何か定数を代入して, 積分定数 C に関する考察を行おう. **問題 4-8** の (2) を参照せよ.

この観点がなかった人は, 改めて考えてみよう！

【解答・解説】

(1) $x-t$ は何らかの関数の x を t に変えたものでなく, 公式は使えない.

$$f(x) = \int_0^x (x-t)\,dt = \left[xt - \frac{1}{2}t^2 \right]_0^x = \frac{1}{2}x^2 \quad \therefore \quad f'(x) = x$$

あるいは,

$$f'(x) = \frac{d}{dx}\left(x\int_0^x dt - \int_0^x t\,dt \right) = 1 \cdot \int_0^x dt + x \cdot 1 - x = x$$

(2) ②までは正しい.

$x = 0$ のとき, ②の左辺は 0 で, 右辺は 1 である. ②を満たす $f(x)$ が存在しないから, ①を満たす $f(x)$ も存在しない.

■

※ (2) は, $\int_0^x (x-t)f(t)\,dt = \sin x - x$ なら, 適する $f(x)$ がある.

$$x\int_0^x f(t)\,dt - \int_0^x tf(t)\,dt = \sin x - x \quad \cdots\cdots \quad ①$$

①は $x = 0$ で成り立つから,「両辺の導関数が等しい」に換言できる.

$$\int_0^x f(t)\,dt = \cos x - 1 \quad \cdots\cdots \quad ②$$

②は $x = 0$ で成り立つから,「両辺の導関数が等しい」に換言できる.

$$f(x) = -\sin x \quad \cdots\cdots \quad ③$$

③は①を満たし, ①を満たすのは③のみである！

積の微分について考える. $f(x)$, $g(x)$ は微分可能な関数とする.

$$(f(x)g(x))' = f'(x)g'(x) \quad \cdots\cdots \quad ①$$

は, 公式ではない. つまり, ①を満たさない関数が存在する. 例えば, 多項式である. $f(x)$, $g(x)$ の次数が m, n (m, n は自然数) であるとき, ①の左辺は $m+n-1$ 次, 右辺は $m+n-2$ 次であり, ①は不成立である.

(1) ①が成り立つような $f(x)$, $g(x)$ の例を1組挙げよ.

(2) ①が成り立つのは,

$$f'(x)g'(x) = f'(x)g(x) + f(x)g'(x) \quad \cdots\cdots \quad ②$$

が定義域内のすべての x で成り立つときである. $f(x)$, $g(x)$, $f'(x)$, $g'(x)$ のいずれかが0となる x が存在するかどうかの吟味が必要だが, いったん, 気にせずに計算を進める. ②の両辺を $f'(x)g'(x)$ で割ると,

$$\frac{f(x)}{f'(x)} + \frac{g(x)}{g'(x)} = 1 \quad \therefore \quad \frac{1}{(\log|f(x)|)'} + \frac{1}{(\log|g(x)|)'} = 1$$

である. 和が1になるような2つの関数 $a(x)$, $b(x)$ を適当に決めて,

$$(\log|f(x)|)' = \frac{1}{a(x)}, \ (\log|g(x)|)' = \frac{1}{b(x)}$$

を満たす $f(x)$, $g(x)$ を1つ求めよ. ただし, 定義域は, $a(x)$, $b(x)$ が0にならないよう適当に定め, $f(x)$, $g(x)$ を求める際の積分定数も適当に定めよ. また, 求めた $f(x)$, $g(x)$ が①を満たすことを確認せよ.

【ヒント】

(1)では, 微分の影響を受けにくい特殊な関数を考えてみよ.

(2)では, 例えば, $a(x) = \cos^2 x$, $b(x) = \sin^2 x \ \left(0 < x < \dfrac{\pi}{2}\right)$ などが考えられる. 他にも $f(x)$, $g(x)$ を求めやすいものを考えてみよう.

この観点がなかった人は, 改めて考えてみよう!

【解答・解説】

(1) $(f(x), g(x)) = (1, 1)$, $(0, x^2)$ などが適する. 順に

$$(\text{左辺})=(1)'=0, \quad (\text{右辺})=(1)'(1)'=0\cdot 0=0$$
$$(\text{左辺})=(0)'=0, \quad (\text{右辺})=(0)'(x^2)'=0\cdot 2x=0$$

(2) $a(x), \ b(x)$ として

(ア) $a(x)=\cos^2 x, \ b(x)=\sin^2 x \ \left(0<x<\dfrac{\pi}{2}\right)$

(イ) $a(x)=x, \ b(x)=1-x \ (0<x<1)$

(ウ) $a(x)=\dfrac{1}{x}, \ b(x)=\dfrac{x-1}{x} \ (0<x<1)$

などがある.

$$\log|f(x)|=\int \frac{1}{a(x)}\,dx \quad \therefore \ |f(x)|=e^{\int \frac{1}{a(x)}dx}$$

である. どんどん積分していく. 積分定数は 0 としておく.

(ア) $\displaystyle\int \frac{1}{\cos^2 x}\,dx=\tan x, \ \int \frac{1}{\sin^2 x}\,dx=-\frac{1}{\tan x}$

(イ) $\displaystyle\int \frac{1}{x}\,dx=\log|x|=\log x,$

$\displaystyle\int \frac{1}{1-x}\,dx=-\log|1-x|=\log\frac{1}{1-x}$

(ウ) $\displaystyle\int x\,dx=\frac{x^2}{2},$

$\displaystyle\int \frac{x}{x-1}\,dx=\int\left(1+\frac{1}{x-1}\right)dx=x+\log|x-1|=\log e^x(1-x)$

絶対値をそのまま外したものを考えると, 順に

(ア) $f(x)=e^{\tan x}, \ g(x)=e^{-\frac{1}{\tan x}}$

(イ) $f(x)=x, \ g(x)=\dfrac{1}{1-x}$

(ウ) $f(x)=e^{\frac{x^2}{2}}, \ g(x)=e^x(1-x)$

である. それぞれについて, ①の左辺と右辺を計算すると

(ア) $(\text{左辺})=\left(e^{\tan x}\cdot e^{-\frac{1}{\tan x}}\right)'=\left(e^{\tan x-\frac{1}{\tan x}}\right)'$

$\qquad\quad =\left(\dfrac{1}{\cos^2 x}+\dfrac{1}{\sin^2 x}\right)e^{\tan x-\frac{1}{\tan x}}$

$\qquad\quad =\dfrac{1}{\sin^2 x\cos^2 x}e^{\tan x-\frac{1}{\tan x}}$

$$(\text{右辺}) = \left(e^{\tan x}\right)' \cdot \left(e^{-\frac{1}{\tan x}}\right)' = \frac{1}{\cos^2 x} e^{\tan x} \cdot \frac{1}{\sin^2 x} e^{-\frac{1}{\tan x}}$$

$$= \frac{1}{\sin^2 x \cos^2 x} e^{\tan x - \frac{1}{\tan x}}$$

で，一致する．

(イ) $(\text{左辺}) = \left(x \cdot \dfrac{1}{1-x}\right)' = \left(-1 + \dfrac{1}{1-x}\right)' = \dfrac{1}{(1-x)^2}$

$(\text{右辺}) = (x)' \cdot \left(\dfrac{1}{1-x}\right)' = 1 \cdot \dfrac{1}{(1-x)^2} = \dfrac{1}{(1-x)^2}$

で，一致する．

(ウ) $(\text{左辺}) = \left(e^{\frac{x^2}{2}} \cdot e^x(1-x)\right)' = \left(e^{\frac{x^2}{2}+x} \cdot (1-x)\right)'$

$= (x+1)e^{\frac{x^2}{2}+x} \cdot (1-x) + e^{\frac{x^2}{2}+x} \cdot (-1) = -x^2 e^{\frac{x^2}{2}+x}$

$(\text{右辺}) = \left(e^{\frac{x^2}{2}}\right)' \cdot (e^x(1-x))' = xe^{\frac{x^2}{2}} \cdot \left(e^x(1-x) + e^x(-1)\right)$

$= -x^2 e^{\frac{x^2}{2}+x}$

で，一致する．

■

※ 「すべて求めよ」であれば，高校範囲で考えるのが大変になるが，「1つ求めよ」であるから，具体的に構成することができた．

積分定数を 0 にしなかったらどうなるか？例えば，(イ) において

$$\int \frac{1}{x}\, dx = \log x + 1, \quad \int \frac{1}{1-x}\, dx = \log \frac{1}{1-x} + 2$$

$$f(x) = ex, \quad g(x) = \frac{e^2}{1-x}$$

としても，①の左辺と右辺を計算すると

$$(\text{左辺}) = \left(ex \cdot \frac{e^2}{1-x}\right)' = e^3\left(-1 + \frac{1}{1-x}\right)' = \frac{e^3}{(1-x)^2}$$

$$(\text{右辺}) = (ex)' \cdot \left(\frac{e^2}{1-x}\right)' = e \cdot \frac{e^2}{(1-x)^2} = \frac{e^3}{(1-x)^2}$$

で，一致する.

　積分定数の違いは，対数を考えるから$f(x)$, $g(x)$においては定数倍の違いになる. 定数倍はくくり出せるから，やはり①は成り立つのである.

※　不定積分と原始関数，そして，積分定数について，考察しておこう.

　$f(x)$の原始関数$F(x)$は，$F'(x)=f(x)$となる関数である. 不定積分は，原始関数と同じであるとする立場と，原始関数すべてをまとめて表したものとする立場がある. いずれにしても，

$$\int \frac{1}{x}dx = \log|x| + C \quad \cdots\cdots \quad (*)$$

と書く. 前者の立場では「定数Cを決めると原始関数が1つ決まる」であり，後者の立場では「すべてのCについて考える」となるのだろう.

　では，原始関数$F(x)$は，ある実数Cを用いて

$$F(x) = \log|x| + C$$

と表すことができるのだろうか？このことを詳しくみていこう.

　絶対値が付くのは，$x \neq 0$であるどんなxでも適用できるようにしているからである. ここで議論の前提として確認しておくことがある. それは，高校数学において，「導関数は定義域に含まれるある連結な区間で考えることになっている」ということである. ということは，微分の逆演算として定めている原始関数や不定積分も，区間ごとに考えているはずである.

　不定積分$\int \frac{1}{x}dx = \log|x| + C$について，例えば$x>0$に含まれる区間で考えるなら，

$$\int \frac{1}{x}dx = \log x + C$$

で良いことになる. 正負の区間ごとに分けて書いても良いが，分けずに書くために絶対値を用いることになる. 分けずに書いていても，暗黙のうちにどちらかの区間が指定されているのである.

　では，原始関数つまり，$F'(x) = \frac{1}{x}$となる関数$F(x)$ではどうだろう？区間ごとに微分して，導関数$F'(x)$を求めるものと考えよう. すると，

185

区間ごとに定数が存在して，$x > 0$ においては

$$F(x) = \log x + C$$

であり，$x < 0$ においては

$$F(x) = \log(-x) + D$$

と表すことができるのである．

　例えば，$x \neq 0$ において $F(x)$ を

$$F(x) = \begin{cases} \log x + 2 \ (x > 0) \\ \log(-x) + \dfrac{1}{2} \ (x < 0) \end{cases}$$

と定めると，これは原始関数なのだろうか？

　上述の通り微分は区間ごとに行うことになっており，どちらでも

$$F'(x) = \frac{1}{x}$$

となるから，確かに原始関数である．これを 1 つの式で書いた

$$F(x) = \log|x| + 2^{\frac{x}{|x|}}$$

も原始関数である．

　このように考えると，$x \neq 0$ における原始関数を

$$F(x) = \log|x| + C$$

と表すことができるとは限らないのである．

　では，2 つの原始関数 $F(x)$ と $G(x)$ について，「これらは

$$\int \frac{1}{x} dx = \log|x| + C$$

の積分定数の違いだけであるから

$$F(x) - G(x) = C$$

となる定数 C が存在する」と言えるのだろうか？

　ここまでの議論から分かるように，残念ながら，そうは言えない．

　区間ごとに定数が存在して，$x > 0$ においては

$$F(x) - G(x) = C$$

であり，$x < 0$ においては

$$F(x) - G(x) = D$$

である．

まとめておこう.

どちらの立場であれ，不定積分を $\int \dfrac{1}{x} dx = \log|x| + C$ と書く．そうする限りは，どちらかの区間で考えていることになる．どちらの区間でも通用するように絶対値を付けている.

しかし，$x \neq 0$ において原始関数 $F(x)$ を考えるときは，定数 C, D が存在して，

$$F(x) = \log|x| + C \ (x > 0)$$
$$F(x) = \log|x| + D \ (x < 0)$$

と表されることになる.

$$F(x) = \log|x| + C$$

と表されるとは限らない.

連結な区間で，連続な関数について考えると，不定積分と原始関数は同じ表記になる．原始関数での C は，関数を決定する定数である．不定積分での C は，原始関数と同じ意味とする立場と，原始関数をすべて表すために C を用いるという立場がある.

しかし，連結でない区間で定義する場合には，原始関数と不定積分での積分定数の違いに注意が必要になるようだ.

なお，連続でない関数の積分に関しては，とても厄介である．大学の解析学で学んでもらいたい.

あとがき

　いま，数学は大きく変わっている．

　数学が苦手な人にとって，基本知識の定着，繰り返し学習と，苦行でしかなかった数学の勉強．正しいイメージ付けを重視し，現象として定性的に数学を捉えられることが，これからの数学学習で重視されなければならない．これが数学嫌いを減らすチャンスになるかも知れない．

　本書は，そのことを伝える問題集として作成した．

　頭を使わないと答えられないよう，引っかけ問題を作ったり，嫌がらせの要素もふんだんに盛り込んだ．また，数学概念のイメージを身をもって実感してもらうような問題も入れた．

　何度も繰り返し解いて定着させるような問題集ではないが，嫌がらせ対応モードで数学に接する機会は少ないので，忘れたころに解き直してもらえるのは良いことだ．その際も，できるだけ記憶を頼りにせず，よく問題を読んで，慎重に判断し，正しく推論してもらいたい．

　本書が新時代の高校数学の1つの基準となれば，筆者として嬉しく思う．

　本書の作成にあたり，東京出版の飯島康之さん，坪田三千雄さんには企画から内容の吟味までお世話になりました．また，多くの問題は尊敬すべき数学仲間のみなさんのアイデアを元に作成させてもらいました．

　これまで関わったすべての方々に感謝申し上げ，本書を捧げます．ありがとうございました．

著者紹介：
吉田　信夫（よしだ・のぶお）

1977 年　広島で生まれる
1999 年　大阪大学理学部数学科卒業
2001 年　大阪大学大学院理学研究科数学専攻修士課程修了
　　　　 2001 年より研伸館にて，2022 年からはお茶の水ゼミナール (お茶ゼミ √ +)
　　　　 にて，主に東大・京大・医学部などを志望する中高生への大学受験数学を
　　　　 担当する．研伸館では，灘校の生徒を多数指導してきた．
　　　　 そのかたわら，「大学への数学」などの雑誌での執筆活動も精力的に行う．
　　　　 著書『複素解析の神秘性』(現代数学社 2011),『ユークリッド原論を読み解く』
　　　　 (技術評論社 2014),『超有名進学校生の数学的発想力』(技術評論社 2018)
　　　　 など多数．

　東京出版から刊行のこのシリーズは
　　ほぼ計算不要の　思考力・判断力・表現力トレーニング　数学 IA
　　ちょっと計算も必要な　思考力・判断力・表現力トレーニング　数学 II
に続く 3 作目.

思考力・判断力・表現力
トレーニング シリーズ

吉田 信夫 著

▶ **数学の概念を深く、正確にイメージする！**
▶ **式や図を正しく使い、表現力を強化する！**

これから数学で重要になるキーワードは「**活用**」である。

「知識と技能」重視の数学教育は終わりを迎える。生きていくための「思考力・判断力・表現力」の育成を意識しなければならない。その流れは【**題意を明確化、論点を抽出**】⇒【**議論に必要な情報収集**】⇒【**正しい推論、論証**】である。「基本解法の中から使えるものを探す」というこれまでの数学とは頭の使い方が違う。道具頼りではなく、工夫することが必要になる数学である。ずる賢さも求められる。問題を型にはめるのではなく、問題に合う型を自ら作り出す。

新しい時代に向けて、そんな問題集を作りたい。　　　（本書の「はじめに」より）

ほぼ計算不要の	
思考力・判断力・表現力 トレーニング 数学 IA	
A5判・208頁／定価：1,540円（税込）	

本書の主な内容		
1	数学 I −①	数と式・集合と命題
2	数学 I −②	2次関数
3	数学 I −③	図形と計量
	数学 A −②	図形の性質
4	数学 I −④	データの分析
5	数学 A −①	場合の数・確率
6	数学 A −③	整数の性質

ちょっと計算も必要な	
思考力・判断力・表現力 トレーニング 数学 II	
A5判・208頁／定価：1,540円（税込）	

本書の主な内容		
1	数学 II −①	いろいろな式
2	数学 II −②	図形と方程式
3	数学 II −③	三角関数
4	数学 II −④	指数関数・対数関数
5	数学 II −⑤	微分法・積分法

できるだけ計算しない	
思考力・判断力・表現力 トレーニング 理系 微積分	
A5判・192頁／定価：1,540円（税込）	

本書の主な内容		
1	数学 III −①	関数
2	数学 III −②	極限
3	数学 III −③	微分法、微分法の応用
4	数学 III −④	積分法、積分法の応用

東京出版
〒150-0012　東京都渋谷区広尾3-12-7　TEL.03-3407-3387
ホームページアドレス　https://www.tokyo-s.jp/

できるだけ計算しない

思考力・判断力・表現力トレーニング
理系微積分

令和5年2月14日　第1刷発行

　著　者　吉田　信夫
　発行者　黒木憲太郎
　発行所　株式会社 東京出版
　　　　　〒150-0012 東京都渋谷区広尾3-12-7
　　　　　電話：03-3407-3387　振替：00160-7-5286
　　　　　https://www.tokyo-s.jp/

　印刷所　株式会社 光陽メディア
　製本所　株式会社 技秀堂
　　　　　落丁・乱丁本がございましたら，送料弊社負担にてお取り替えいたします.

（定価はカバーに表示してあります）